装配式地下综合管廊绿色管理

张　勇　包金勇　苏　岩　姚琳强　著

中国建筑工业出版社

图书在版编目（CIP）数据

装配式地下综合管廊绿色管理 / 张勇等著 . —北京：中国建筑工业出版社，2023.5（2024.4重印）
ISBN 978-7-112-28495-5

Ⅰ.①装… Ⅱ.①张… Ⅲ.①装配式构件－地下管道－管道工程 Ⅳ.① TU990.3

中国国家版本馆 CIP 数据核字（2023）第 046335 号

地下综合管廊是21世纪新型城市基础设施建设现代化的重要标志。相比传统的现浇式地下综合管廊，装配式地下综合管廊具有工程质量可靠、施工效率高、节能环保等诸多优点。本书详细论述了如何在装配式地下综合管廊建设项目全过程引入绿色管理理念，以实现项目在全寿命周期内经济、环境、社会等目标的和谐发展。同时，介绍了通过运用BIM、SCADA、大数据和云计算等技术，将监视系统、安防系统、通信系统、报警系统等集成为一个完整的地下综合管廊运维管控系统，从而为管廊的监测预警和运营决策提供可靠支撑。

策划编辑：武晓涛
责任编辑：刘婷婷
责任校对：张　颖

装配式地下综合管廊绿色管理
张　勇　包金勇　苏　岩　姚琳强　著
*
中国建筑工业出版社出版、发行（北京海淀三里河路9号）
各地新华书店、建筑书店经销
北京科地亚盟排版公司制版
建工社（河北）印刷有限公司印刷
*
开本：787毫米×1092毫米　1/16　印张：8¼　字数：185千字
2023年4月第一版　2024年4月第二次印刷
定价：**42.00**元
ISBN 978-7-112-28495-5
（40872）

《装配式地下综合管廊绿色管理》撰写（调研）组

组　长： 张　勇

副组长： 包金勇　苏　岩　姚琳强

成　员： 齐国庆　王　博　吕毓敏　罗　扬　郭海东
王雅兰　刘　浩　霍江涛　张思梦　李　萌
钱家志　付山贤　刘　琛　蔡　戈　牟艳祥
刘　萌　高　鸽　刘　静　李　娜　殷　向
段乐婷　张嘉琛　王祥宇　谢霞霞　史宝团
陈　龙　孙俊娜　王孙梦

前言

地下综合管廊是21世纪新型城市基础设施建设现代化的重要标志。地下综合管廊不仅能够很好地解决“马路拉链”“城市看海”“空中蜘蛛网”等诸多城市问题，而且对拓展城市空间、完善城市功能、美化城市环境等具有重要作用。装配式地下综合管廊作为近年来出现的一种新型管廊形式，是指将工厂预制的分段构件或全断面构件在现场通过钢筋、连接件、施加预应力或浇筑混凝土等方式加以连接，从而形成整体地下综合管廊。相比传统的现浇式地下综合管廊，装配式地下综合管廊具有工程质量可靠、施工效率高、节能环保等诸多优点，同时，装配式地下综合管廊建设项目周期长、工程建设参与方多、对社会及环境影响面广等，如何在装配式地下综合管廊建设项目全过程引入绿色管理理念，以实现项目在全寿命周期内经济、环境、社会等目标的和谐发展，成为当前装配式地下综合管廊建设必须解决的重要课题。

本书共分为7章，其中，第1章梳理了建筑工业化背景下的装配式地下综合管廊相关内容，并对装配式管廊绿色管理的现状、内涵及意义进行概括；第2章从全寿命周期出发阐述了装配式管廊全寿命周期绿色管理相关内容，并概述了各阶段绿色管理的具体内容，为后续各章的开展提供理论基础；第3章重点介绍装配式管廊决策与设计阶段的绿色管理内容；第4章介绍装配式管廊生产制造阶段的绿色管理，包括生产前准备、预制构件生产，以及质量检测控制的绿色管理等内容；第5章从装配式管廊的运输储存管理入手，介绍运输、储存阶段的绿色管理，并对其安全问题提出了相应的应对措施；第6章介绍装配式管廊施工阶段的绿色管理以及传统施工阶段的绿色管理内容，总结了装配式管廊施工阶段的绿色管理问题并提出相应的管理措施；第7章阐述了装配式管廊在运维阶段的绿色管理，即通过运用BIM、SCADA、大数据和云计算等技术，将监视系统、安防系统、通信系统、报警系统等集成为一个完整的地下综合管廊运维管控系统，从而为管廊的监测预警和运营决策提供可靠的支撑。

本书由西安建筑科技大学张勇、陕西建工新型建材有限公司包金勇、陕西省引汉济渭工程建设有限公司苏岩、西安易筑机电工业化科技有限公司姚琳强合著，其中张勇负责总体框架和内容审定。各章撰写分工为：第1章由张勇、王雅兰、高鸽、霍江涛、付山贤撰写；第2章由包金勇、王雅兰、刘萌、刘浩、王孙梦、蔡戈撰写；第3章由姚琳强、齐国庆、王雅兰、刘静、张思梦、李萌撰写；第4章由张勇、王博、吕毓敏、霍江涛、刘萌、牟艳祥撰写；第5章由张勇、张思梦、刘静、王雅兰、刘琛撰写；第6章由张勇、张思梦、高鸽、钱家志、陈龙撰写；第7章由苏岩、刘浩、刘萌、刘静撰写。

本书内容涉及的研究和出版得到了陕西省自然科学基础研究计划“输水管线工程黄土震陷风险评估及预警机制研究”（2021JLM-52）的支持，同时，西安建筑科技大学、陕西省引汉济渭工程建设有限公司、陕西建工新型建材有限公司、西安易筑机电工业化科技有限公司等单位的教师、管理人员和工程技术人员对本书的撰写提供了支持与帮助。在编写过程中还参考了许多专家和学者的有关研究成果及文献资料，在此一并表示诚挚的感谢！

由于作者水平有限，书中不足之处，敬请广大读者批评指正，并提出宝贵意见。

作　者

2023年1月于西安

目 录

第1章

装配式地下综合管廊绿色管理基础

党的十九大报告中明确提出，要加快我国生态建设，改善建筑业发展模式，全面树立并贯彻“创新、协调、绿色、开放、共享”的发展理念。目前，“绿色”管理虽然在综合管廊建设过程中得到全面践行，但其实施力度和深度仍然有所欠缺。因此，需将绿色管理理念引入装配式地下综合管廊（后文简称装配式管廊）全寿命周期的管理过程中，为实现环境、经济、社会和谐发展提供有力保障。

1.1 建筑工业化概述

1.1.1 建筑工业化发展现状

改革开放40多年来，随着我国城镇化进程加快及经济水平提高，建筑业市场需求也在不断扩大。目前，我国仍需要建设大量基础设施来满足城镇化进程需求[1]。随着人们对生态环境保护的不断重视，传统建筑业生产方式资源消耗高、生产效率低等问题难以满足可持续发展要求，使得其面临新的挑战，这也给建筑工业化发展带来了机遇[2]。

我国建筑工业化发展经历了三个重要阶段[3]：新中国成立初期，为了提高建设速度和效率，满足大规模建设项目需求，提出了工厂化、机械化施工概念；改革开放初期，建筑规模不断扩大，建筑业体制改革不断深化，物质基础和技术水平明显提高，但总体来看，仍然存在如劳动生产率增幅较低，整体进步缓慢等问题；转型发展时期，深化建筑业体制改革，走上质量效益型道路，使得建筑业适应市场化需求，成为经济发展的支柱产业。在自我摸索和借鉴国外的建筑工业化发展历史经验过程中，我国建筑工业化主要发展阶段详情见表1-1。

我国建筑工业化发展经历的三个重要阶段　　表1-1

阶段	标志性政策文件及活动	主要观点	驱动因素	解决问题	关注重点	停滞原因
新中国成立初期	《关于加强和发展建筑工业的决定》	实行工厂化、机械化施工	大规模建设需求	建设速度与效率	工业建筑	政治原因
改革开放初期	香河建筑工业化座谈会	建筑设计标准化、构件生产工业化、施工机械化和建筑材料改革	大规模建设需求	劳动生产效率、整体技术进步、建设质量等	住宅	质量低，不能满足个性化需求
	《建筑工业化发展纲要》	在建设标准化的基础上优化建筑构件、产品和设备的生产，使建筑业的生产经营渐渐走上专业化、社会化道路				
转型发展时期	《绿色建筑行动方案》	大力支持装配式建筑，改革建筑业发展方式，推进建筑业现代化	绿色发展与产业转型升级	劳动力成本上升，对优质建筑的需求增加，环境承载能力和资源可持续性冲突等	全方位整合	—

作为建筑工业化的重要组成部分，装配式建筑契合“绿色”发展理念，满足生态环境保护和可持续发展的目标。为了大力推动装配式建筑产业化发展，我国陆续出台了一系列相关政策。根据不完全统计，2015年，有1500多家企业从事装配式建筑设计、生产以及施工工作；2016年，我国出台了7项装配式建筑国家重大政策，这是我国建筑工业化体系发展的里程碑，国家对装配式建筑的支持力度进一步加大，从事装配式建筑的企业数量有一定增加[3]；2017年4月，住房和城乡建设部发布了《建筑业“十三五”发展规划》，其中提到要实现建筑业可持续发展，加快建筑业生产方式转变，截至2017年8月，28个省（自治区、直辖市）和57个地级市出台了与装配式建筑相关的政策，共计150多项；2021—2022年，我国发布的《2030年前碳达峰行动方案》等一系列政策，推动了我国建筑业由传统生产方式向建筑工业化方向变革与转型的进程。

1.1.2　建筑工业化的内涵

1. 建筑工业化基本概念

建筑工业化指通过现代化制造、运输、安装和科学管理的生产方式，代替传统建筑业中分散、低水平、低效率的手工作业生产方式。建筑工业化体现在大规模生产，通过制造业质量管理体系进行质量控制，保障产品质量的稳定性[4]。

2. 建筑工业化基本内容

1）采用先进的设备、工艺和技术使施工专业化，提高机械化水平，减少复杂、烦琐的湿作业和人工劳动。

2）推进建筑构件及设备部件产业化生产，向建筑市场供应各类建筑通用型零部件和构配件。

3）制定统一的基本标准和建筑模数（构件连接、建筑参数、公差与配合比等），合理解决多样化和标准化的关系，建立和完善工法、工艺、产品标准和企业管理标准等，不断提高建筑标准化水平。

4）采用现代管理方法，优化资源配置，完善信息化管理系统，适应市场化发展需要。

3. 建筑工业化基本特征

建筑工业化基本特征包括：设计标准化、生产工厂化、施工装配化、装修一体化和管理科学化[4]。

1）设计标准化

建立标准化的单元是标准化设计的核心，这些单元既可以是具有使用功能的建筑部品，也可以是构件。利用设计模块化和构件零件化方法，尽量减少构件标准化单元的类型，从而避免资源和材料浪费，提高其通用性和互换性。信息技术的普及和应用，尤其是 BIM 在设计中的灵活应用，优化和提高了单元的标准化设计和重复使用程度。

设计标准化是实现建筑工业化的必要条件。采取标准化设计可以极大地提升设计质量及效率，形成建筑部品和主体结构的定型，实现大规模生产目标和真正意义上的建筑工业化。为了满足建筑工业化的要求，不仅要规范建筑标准化设计，还应综合考虑生产管理、施工装配、工厂预制等问题。从国家建筑业的实际情况出发，《装配式建筑评价标准》GB/T 51129—2017 规定了装配率、预制率与标准设计等评价体系，促进了传统建造方式逐渐向建筑工业化转型。

2）生产工厂化

生产工厂化是建筑工业化的主要环节，是指将标准化设计单元，如建筑部品、主体结构等在工厂进行集中生产以实现商品化使用。工厂化生产最关键的是保证主体结构精度。工厂内布置设计单元，可以很大程度地减少建筑垃圾和废料，避免环境污染和材料浪费，极大地提升产品质量和生产效率。

设计单元实施标准化可以实现工厂批量生产，提高对标准化设计的要求，尽量减少建筑部品和构件的种类，从而促进设计标准化。因此，生产工厂化和设计标准化应相辅相成。

3）施工装配化

施工装配化主要体现在施工技术和施工管理两方面。在施工技术方面，工厂化生产的部品和构件采用工具式钢模板现浇、工厂预制和现场预制相结合等方式进行组装施工，可以显著减少环境污染和资源耗费，提高施工效率及质量。在施工管理方面，信息技术在管理中的应用可以有效优化施工工艺和技术成本等。

4）装修一体化

传统建筑工业化不包含装修，仅涉及建筑主体结构建造，而装修使用的传统施工方式会产生大量难以回收处理的建筑垃圾和废料，造成环境污染和资源浪费。

新型建筑工业化从设计阶段开始，将装修与建筑部品和构件生产、装配化施工一体化进行，也就是将装修与主体结构进行一体化工业建造，更为环保、节能。装修一体化将智能建筑、节能建筑、绿色建筑等技术相结合，形成建筑单元产品，比传统装修方式更契合市场化需求。

5）管理科学化

建筑行业需要各个行业和专业共同参与，从设计、制作到施工现场安装的每一个环节都存在大量资源浪费、环境污染，因此需要科学有效的管理方法来促使各个行业和专业间更高层面的资源共享，有效解决设计与施工脱节、部品与技术脱节等问题，避免相互矛盾和冲突，提高建筑行业精细化生产程度。

建筑全过程信息化是通过建立信息模型，利用信息平台协同作业进行动态管理，实现建筑工业化全过程的冲突识别，利于质量跟踪，达到环保、低耗、高效的目的[5]。BIM技术等信息化管理手段的应用加速了建筑工业化在生产方式上的变革，逐步向标准化和集约化发展，充分体现出新型建筑工业化的优势。

4. 建筑工业化基本优势

1）质量提高。建筑工业化采用的施工方式主要是工厂预制生产，相对于现场施工，预制构件质量更为稳定。

2）污染减少。装配化作业代替了现场湿作业，减少了砂浆用量、场地扬尘和施工噪声。建筑工业化的发展大力推动建筑业绿色低碳转型，全方位进行创新，降低碳排放。

3）效率提升。极大程度地减少施工人员数量，提高劳动生产率，促进施工人员向专业化工人的转变。

4）施工精度提高和使用寿命延长。通过施工精度的提升来规避常见的质量问题，减少施工误差，保证建筑物质量，降低工程后期维护成本，延长建筑物的使用寿命。

5）行业发展带动。建筑工业化的发展带动了部品部件行业的迅速发展，促进了机械设备、施工机具以及运输工具的升级生产，结合新兴产业扩增了社会投资，同时钢铁产能过剩问题也能得到有效缓解[6]。

近年来，建筑行业相关技术更新迭代迅猛，为建筑行业的绿色发展提供了广阔思路。由于相关政策制度不完善、标准体系不健全、专业人才缺失、核心技术掌握不充分等，建筑工业化还未得到广泛应用。传统的现浇式综合管廊存在施工质量难以控制、现场工作量大、安全协调难度大、环境影响程度大等缺点。与传统的现浇式综合管廊相比，作为新兴基础性工程项目的装配式地下综合管廊，能有效节约土地，实现地下空间的综合利用和资源共享；同时，避免因线路变更而导致路面重复开挖，有效缩短施工周期，减少人工成本和对环境的影响。随着建筑工业化的发展，装配式管廊的应用逐渐成为基础设施建设的趋势和潮流。

1.2　装配式管廊概述

1.2.1　装配式管廊发展现状

1. 装配式管廊发展概述

1833 年，世界上第一条地下综合管廊在法国巴黎建成（图 1-1）。为了使错综复杂的路面网线得到有效改善，法国政府组织铺设了地下综合管廊，将通信、电力、排水等市政设施系统地放置在管廊内，并设置检修井，方便检修人员进行定期检测[7]。1893 年，德国在北部城市修建了一条包含污水排放、燃气、电力、自来水、通信的地下综合管廊。随后，日本、英国、西班牙等国家也开始大量修建地下综合管廊。与国外相比，我国地下综合管廊建设的发展进程较为落后，但近几年，其探索发展正在稳步推进。1994 年，上海市政府规划建设了国内第一条地下综合管廊——浦东新区张杨路地下综合管廊，全长为 11.125km（图 1-2），采用矩形截面，组成部分为燃气室和电力室。该地下综合管廊配备了先进的安全综合设施，并建立了中央计算机信息显示与数据采集系统。地下综合管廊虽然初期投入成本比较高，但由于整体造价较低、实用性强、环保性高等特点，成为今后城市基础设施建设和管理的必然选择[7]。

图 1-1　法国综合管廊

图 1-2　上海市张杨路综合管廊

预制装配式技术于 20 世纪 50 年代诞生于法国，70 年代引入美国，到目前为止，已在欧洲、美国和日本得到了极大发展与成熟应用。我国自 20 世纪 60 年代就开始探索预制装配式施工技术，但工作开展不够充分，在 20 世纪 60—90 年代一度停滞不前，直到 20 世纪 90 年代中后期才得以重新开展（表 1-2）。

我国装配式管廊发展阶段　　表1-2

阶段	标志性政策文件及活动	规模	主要特征
萌芽期	装配式施工技术的兴起	很小	未对装配式管廊进行实践，处于理论探索阶段
发展初期	上海世博会综合管廊试验段工程	较小	综合管廊装配技术不成熟，装配技术单一，属于我国对于装配式综合管廊的探索初期

续表

阶段	标志性政策文件及活动	规模	主要特征
高速发展期	《国务院办公厅关于推进城市地下综合管廊建设的指导意见》	发展迅速	装配技术较为成熟，发展规模迅速，多省多地进行试点建设和推广，装配技术多样化，形成较为全面的装配式综合管廊体系

进入21世纪后，我国预制装配式技术得到了快速发展与深入研究，包括地下综合管廊在内的市政公用工程成为预制装配式技术研究的主要阵地。2012年，装配式管廊最早应用于上海世博会综合管廊试验段中；2016年，厦门翔安南路地下综合管廊工程施工完成，成为国内第一条全线采用装配式建造的地下综合管廊；2017年，中冶集团研发的钢波纹管综合管廊在衡水武邑成功完成50m示范段的建设，标志着我国钢制综合管廊研制成功；2017年，远大华美公司在乌鲁木齐市艾丁湖路综合管廊建设中采用叠合装配式技术，该管廊是叠合装配式管廊的代表；2021年，四川省绵阳市科技城集中发展区综合管廊完全采取预制装配式建造方式，是现阶段我国长度最大的装配式管廊。

近十多年来，我国装配式综合管廊发展迅速，特别是《国务院办公厅关于推进城市地下综合管廊建设的指导意见》于2015年8月发布以来，全国各省积极响应"推进地下综合管廊主体结构构件标准化，积极推广应用预制拼装技术，提高工程质量和安全水平，同时有效带动工业构件生产、施工设备制造等相关产业发展"。

2. 装配式管廊发展的技术问题

现已证明，装配式管廊能带来明显的社会经济效益，具有良好的发展前景。同时，在工程实践中，装配式管廊也遇到了很多技术性问题，这就要求我们对装配式管廊进行更深入的研究。常见的技术性问题包括以下四点[8]：

1）管廊断面尺寸设计的规范化、标准化及模块化。目前，管廊的断面设计仍是"一廊一设计"，每个管廊的断面尺寸都不同，甚至同一管廊存在多个断面尺寸。这种设计给预制件的生产带来了很多麻烦，导致成本大幅度增加。因此，工厂生产过程中需要结合管廊走线情况，对相似的管廊工程进行分类、合并，让规范化、标准化及模块化在管廊断面设计中得以实现。

2）出入口、交叉点等非标准断面节段的预制拼装技术。非标准节段在管廊中的占比可达40%以上，其预制拼装率限制了装配式管廊整体拼装率的提升。

3）大断面管廊的预制拼装技术。由于近几年管廊内容纳的管线种类庞杂，未来综合利用地下空间的趋势将愈发明显。这意味着管廊断面尺寸也将变大，因此对大断面管廊预制拼装技术的研发极为迫切。

4）装配式管廊长期应力变形性能的演化机理、预测与评价。在长期使用过程中，装配式管廊会受到地震和自身地基不均匀沉降的影响，导致廊体发生不可恢复的平移或转动变形，从而影响管廊的长期使用性能。

总体而言，地下综合管廊的开发已成为城市基础设施的一种重要形式[8]。管廊建设不仅解决了城市经济发展与居民日益增长的生活需求之间的矛盾，还节约了土地资源，因而装配式管廊建设发展潜力巨大且值得大力推进。

1.2.2　装配式管廊的内涵

1. 装配式管廊概念

装配式管廊（即装配式地下综合管廊的简称），是在传统管廊的基础上采用构件预制方法，将较大体积的混凝土构件拆分为分段式小体积构件（底板、侧墙、顶板混凝土构件）或全断面构件，在工厂进行加工生产，随后运输至施工现场进行吊装作业，在现场通过钢筋、连接件、施加预应力或浇筑混凝土等方式连接起来[4]，形成用以容纳多种城市工程管线的集约化与综合化的基础设施[1]。装配式管廊需要一定规模的构件加工预制工厂、大吨位运输机具和起重设备，施工技术要求比较高，施工方法比较先进。

2. 装配式管廊分类

按照结构体系划分，装配式管廊可分为钢筋混凝土结构管廊和钢结构管廊。我国现有的装配式管廊的结构体系大多为钢筋混凝土结构[7]。按照装配工法划分，装配式管廊可分为全预制装配式管廊和部分预制装配式管廊[9]，如表 1-3 所示。以下分别对各种类型管廊进行介绍。

装配式管廊分类　　表1-3

装配式管廊	钢筋混凝土结构管廊	钢结构管廊
全预制装配式管廊	节段预制装配式	钢波纹管式
	分块预制装配式	
部分预制装配式管廊	顶板预制装配式	—
	叠合装配式	

1）全预制装配式管廊属于钢筋混凝土结构管廊，其构件在工厂加工预制，然后运输至施工现场，采用预应力钢筋或者连接配件进行安装，安装过程无须混凝土浇筑，主要包括节段预制装配式管廊和分块预制装配式管廊。这类管廊整体性强，施工作业量少，施工周期短。

2）部分预制装配式管廊属于钢筋混凝土结构管廊，其构件部分在工厂加工预制，然后运输至施工现场，组装就位后浇筑混凝土以形成整体结构，主要包括顶板预制装配式管廊和叠合装配式管廊。这类管廊与现浇管廊相比，现场模板量少，施工作业量少，工期短；与全预制装配式管廊相比，无纵横拼接缝，整体结构性能好，密封性能较好。

3）装配式钢结构管廊属于全预制装配式管廊、钢波纹管式管廊，采用高强度螺栓将镀锌波纹钢板紧密连接成立体管桩结构。钢结构管廊的截面形式多采用拱形、梨形、管拱形，这些截面形式能较好地使钢结构内部稳定和受力均匀，使钢结构材料易于加工和利用

图 1-3 钢结构管廊

率最大化。钢结构管廊内部构造需要安装组合支架，外部构造需要进行二次防腐处理，连接处采用先进的防水措施和消防防火措施。如图 1-3 所示。

3. 装配式管廊的主要技术类型

装配式管廊主要采用叠合拼装技术，是指在安装叠合式预制墙板的基础上，与现浇叠合层及加强部位混凝土共同形成墙板。该技术具有良好的适用性、经济性和稳定性，国内多个城市的综合管廊项目，例如吉林市经开区经开大街北段地下管廊、厦门翔安新机场片区综合管廊、乌鲁木齐经开区艾丁湖路（工业大道—苏州路段）综合管廊[10]，均采取此技术进行建设。

1.2.3 装配式管廊的特点

装配式管廊具有可循环使用、模具标准化、工厂生产、产品质量优异、施工工艺简单、安全系数高、成本低、施工时间短等优点；根据管廊设计线路的长短，装配式管廊可缩短工期 20%～35%[4]。下面通过比较现浇式和装配式管廊在结构形式、连接方式、施工方法上的不同，来说明装配式管廊在推广中的优势[11]。

1. 管廊在结构形式上的不同

管廊的断面形状和壁厚是根据容纳的管线类型、空间利用率和施工方式综合确定的。现浇式管廊往往在明挖法施工中优先选择空间利用率较大的矩形断面。由于现浇式管廊的截面形式设计中考虑了均布荷载与固定荷载的共同作用，因此现浇式管廊的廊体上壁和下壁（顶板和底板）设计厚度应大于左壁和右壁（侧墙）厚度；浇筑长度方面，现浇管廊变形缝设计间距一般为 20～30m。

装配式管廊综合考虑截面利用率、加工构件、现场组装等因素，截面形式可采用矩形、圆形、马蹄形等。装配式管廊的构件由生产模具定型，往往是等壁厚，厚度通常为最大受力面的壁厚；考虑生产安装的经济性和可操作性，预制管廊的管节长度一般为 2～3m。

因此，与现浇式管廊相比，装配式管廊结构形式可以由工厂预制构件时确定截面形式、管廊壁厚和管廊长度，可以实现标准化和模数化。图 1-4 所示为现浇式和装配式管廊断面结构的对比[11]。

2. 管廊在连接方式上的不同

现浇式管廊的连接处一般使用钢板橡胶止水带解决施工缝和变形缝处的防水问题；连接处采用现场浇筑的施工方法使管道成为刚性连接结构，该结构一体性明显、刚度较高，有较好的抗压能力和抗渗透性。

装配式管廊的管段接头一般采用遇水膨胀的橡胶密封胶圈进行防水，橡胶密封圈具有向接触界面传递压力的特点；管段接头采用承插式柔性接口连接，根据其受力特性可分为凹槽式、台阶式和正压式三种。柔性接口可使接触面产生一定的变形，抵抗不均匀沉降和

(a) 现浇式管廊断面

(b) 装配式管廊断面

图 1-4　现浇式和装配式管廊断面结构对比

地震等偶遇作用的影响，提高整体抗变形能力。

因此，与现浇式管廊相比，装配式管廊连接方式通过构件对管段接头的合理设计，接口处采取多重防水措施，进一步提高了管廊的抗渗透性能和抗震性能。

3. 管廊在施工方法上的不同

现浇式管廊考虑到造价、工期以及施工对周边的影响等因素，施工应用最广泛的是明挖法。首先在施工现场进行大范围的土方开挖，然后进行现场支模、绑扎钢筋、支模板、浇筑混凝土等一系列施工作业，混凝土自然养护时间为 28d 左右。

装配式管廊施工可以采用明挖法、浅埋暗挖法、顶管法和盾构法等方式，因此，在施工方法的选择上相对灵活。当路面有通车要求或者明挖法受到一些因素的限制不允许使用时，装配式管廊可以通过盾构、顶管和暗挖的方法实现快速施工，只是与明挖法在工程经济性和工程技术性方面略有区别。

因此，与现浇式管廊相比，装配式管廊的施工方法可选择项更多，更能有效保证管廊质量、缩短工期、降低成本、节能环保等。管廊施工方法对比如表 1-4 所示。

管廊施工方法对比　　表1-4

施工方法	施工特点	方法简介
明挖法（明挖现浇式管廊、明挖装配式管廊）	设计简单，施工方便，成本低，应用范围广	明挖法适用于新建城市管网，主要在地面上挖坑，使用支撑结构，在坑内进行一系列结构施工，如绑扎钢筋、支模板、浇筑混凝土等
浅埋暗挖法	埋深浅，适应多种地质条件，对周边管线影响小	浅埋暗挖法适用于已建城市管网，指靠近地表的各种地下暗挖施工方法
顶管法	施工工艺简单，施工速度较快，穿越性强，不需要大面积开挖，对土壤的影响较小，工期短，精度高，造价相对较高	顶管法适用于老旧城区无开挖条件、软土层或富水软土层，是一种用于道路、河流、铁路等建筑物的暗挖施工方法，将液压缸通过导轨和千斤顶安装在坑的后部，以传递压力将管道驱动到地下，同时从坑的前面排出。中型管道（直径1.5～2m）的施工常采用这种方法，但也存在千斤顶施工换管能力低、挠度修正困难等问题

续表

施工方法	施工特点	方法简介
盾构法	断面大，预制管片拼装不受气候及周边环境影响，造价昂贵	盾构法适用于埋深较大、穿越河流或铁路等非城市区域以及穿越其他既有建筑物区域的施工情景

1.3 装配式管廊绿色管理概述

随着我国科技进步和经济社会的高速发展，资源消耗过多和环境严重恶化的问题不断凸显，这与“和谐”理念背道而驰。建筑行业每年都有大量项目投入建设，在促进经济快速增长的同时，也对社会和环境造成了诸多负面影响。面对日益严重的资源危机和环境污染问题，“可持续发展”“以人为本”“创新、协调、绿色、开放、共享”成为这个时代的发展主题。因此，改革传统的项目管理方式，将绿色管理理念融入其中势在必行，以提高经济、环境和社会整体效益为基础的绿色管理是项目管理发展的必然趋势。

1.3.1 绿色管理发展现状

绿色管理问题最早出现在20世纪末。面对当时生态环境破坏日益严重和资源稀缺的现状，在新发展理念的推动下，环境污染和可持续发展问题逐渐得到人们的关注，并逐渐形成“绿色”意识。企业想要可持续发展，需要改变传统的商业模式，不仅关注经济效益，更要关注环境效益。因此，在可持续发展理论和“绿色经济”改革被社会广泛认知的背景下[12]，绿色管理理念应运而生，并在科技进步、政府立法调控以及人们日益增长的环境保护意识等力量的推动下逐渐发展起来。

绿色管理是指在满足人们基本生活需求的同时，采用可持续发展的管理模式，尽可能减少资源消耗、环境污染，达到可持续发展目标。绿色管理涉及领域非常广泛，包括环境学、生态学、经济学、管理学等，其中绿色一词包括环保、节约资源、效率、循环等含义。在我国早期发展阶段，学者们从生态环境保护的角度解释了绿色管理的定义和内容。随着对绿色管理的不断深入研究，学者们对于绿色管理也有了很多新的认识。王起（1993）[13]将环境保护融入企业决策中，倡导绿色商品。刘思华（1995）[14]指出，绿色管理就是将生态环保思想融入企业管理中。胡春才（2011）[15]指出，绿色管理的根本目标在于采取保护措施，改善人类生态环境；绿色管理就是降低环境承载负荷的管理。李小中（2001）[16]指出，绿色管理在于控制污染并节约资源。荷恒信等（2001）[17]指出，绿色管理应注重环境协调性，是实现可持续发展的管理。黄志斌等（2004）[18]指出，绿色管理的深层含义是“和谐”，包括生态和谐和人态和谐。陈舜友等（2013）[19]把绿色管理的内涵分为环境保护、心态和谐、生态和谐、人太和谐四个层次。绿色管理的发展历程如表1-5所示。

绿色管理发展历程　　表1-5

阶段	时间	标志性文件	主要观点	关注重点
萌芽期	1993—2000年	习近平总书记在十八届五中全会中指出：坚持绿色发展，必须坚持节约资源和保护环境的基本国策，坚持可持续发展	将可持续发展理念融入绿色管理理念中	生态环境保护
发展初期	2001—2003年	《绿色管理的理论研究》[20]等文章的发表	绿色管理体系的研究	绿色管理理论研究
发展摸索阶段	2004—2013年	国务院转发的《绿色建筑行动方案》提出："十三五"期间要完成新建绿色建筑10亿平方米，到2015年末，20%的城镇新建建筑达到绿色建筑标准要求	将绿色建筑、绿色建设等作为绿色管理的研究重点	绿色建筑

工程项目绿色管理注重将可持续发展理念与工程项目整个寿命周期管理相结合，达到经济效益和生态效益并存的目标。Kibert（1993）[21]提出可持续施工理念，这在资源节约和环境保护方面得到了很好的改善。Shrivastava（1999）[22]全方位地探讨了企业发展中环境保护技术与提高竞争实力的方法。Robichaud 和 Anantatmula（2011）[23]通过总结前人经验，得出在绿色施工管理过程中仍存在施工成本高的制约因素，可通过改变传统施工管理方式，从而实现项目经济效益的最大化。国内对于工程项目绿色管理也有很多研究，潘祥武（2002）[24]从绿色管理角度分析了传统项目管理存在的问题，首次将生态管理延伸到了工程项目管理的研究范围。白思俊（2002）[25]阐述了工程项目设计、施工、投产的环境保护相关措施。郭慧珍（2009）[26]提出了工程项目绿色管理的概念，研究了推行工程项目绿色管理的意义。承钢（2010）[27]将工程项目绿色管理贯穿到工程项目的全生命周期中，从规划、设计、招投标、施工、验收等环节体现出绿色这一元素。

综上所述，国内外学者对于绿色管理已经有很多研究成果，主要包括绿色管理内涵、类型、实施措施等。绿色管理是实现绿色建设的必要条件，但绿色管理作为一种新型的项目管理模式，其具体内容还处于发展摸索阶段，尚未科学化和系统化，缺乏实践性。工程项目绿色管理为传统的项目管理增添了创新性和进步性，实施工程项目绿色管理，可促进社会的绿色增长和可持续发展。

1.3.2　装配式管廊绿色管理内涵

1. 装配式管廊绿色管理概念

装配式管廊绿色管理指根据可持续发展要求，将绿色管理理念与装配式管廊工程管理相结合，通过生产资源的绿色输入，在建设项目全寿命周期的各个阶段，采取切实有效的管控措施，使项目成果满足公众的利益与需求，并减少项目建设过程中的环境污染和资源消耗，促进经济、环境和社会协调绿色发展。

2. 装配式管廊绿色管理释义

1）以"绿色"思想为指导。装配式管廊绿色管理的核心是以"绿色"为思想指引，树立绿色、节能、减排的价值观，保护环境和资源，实现人与自然协调发展、和谐共处的最终目标。

2）贯穿项目全寿命周期。项目的全寿命周期由六个阶段组成，即决策阶段、设计阶段、生产制造阶段、运输储存阶段、施工阶段和运维阶段。装配式管廊项目的决策、设计工作质量将对生产制造、运输储存、施工、运维阶段产生巨大影响，而项目的施工和运维阶段也会对环境和资源造成一定影响。因此，绿色管理理念应贯彻项目全寿命周期，全面降低工程项目对环境和资源的影响。

3）追求经济、环境和社会三者的综合效益最优。传统装配式管廊项目管理的核心是力求效率和效益最大化。项目建设围绕质量、成本、工期三大目标开展，忽视了工程项目全寿命周期中对环境和资源造成的不良影响。装配式管廊绿色管理就是要处理好经济、社会和环境效益之间的关系，使三者协调发展；处理好短期利益和长期利益之间的关系，不能过分关注短期利益而牺牲长期利益。

3. 装配式管廊绿色管理要点

根据新发展理念要求，将传统装配式管廊项目管理理论与绿色管理思想相融合，在项目管理全寿命周期各个阶段中融入“绿色”的主要思想，采用一系列高效可行的设计、控制、分析、实施等方法，实现人与自然、人与人（社会）之间的和谐发展。

装配式管廊绿色管理满足项目质量要求的同时，还要在建造和运维过程中减少环境污染、节约资源。绿色管理在考虑施工成本和工期方面，更注重保护生态环境。此外，绿色管理体现“以人为本”的思想，了解并满足公众和客户的需求，以避免在项目建设和运维过程中出现“不和谐”事件。

1.3.3 装配式管廊绿色管理意义

工程活动属于人类对大自然的改造活动范畴，对自然生态有直接影响，因此，在工程项目管理中融入绿色管理理念具有重要意义。

（1）从环境角度来看，绿色管理在认识和理解生态规律的基础上，可以减少装配式管廊项目对环境造成的危害，提高资源利用率，维护生态系统平衡。

（2）从社会角度来看，装配式管廊绿色管理更加注重“以人为本”，强调信息的收集和反馈，对项目各相关者给予足够的重视，充分认知并满足社会各方的需求和减少各方的矛盾，使社会和谐发展。

（3）从经济角度来看，装配式管廊绿色管理通过减少环境污染为企业节约污染治理成本，通过提高材料和资源的利用率为企业节约用材成本，企业在追求经济增长速度的同时保证建设质量，进而实现经济和社会效益最大化。因此，装配式管廊绿色管理有利于实现我国经济高质量发展。

以绿色管理为核心理念的装配式管廊是城市综合发展的重要路径，可为城市带来更大的综合效益。装配式管廊绿色管理综合考虑了环境、社会、经济效益，有利于实现综合利益最大化，从而有利于实现人类、社会和环境的和谐发展。

1.4 本章小结

本章首先对建筑工业化的发展现状和内涵进行分析，然后在此基础上介绍了装配式管廊的发展现状、内涵及特点，进而分析装配式管廊绿色管理的发展现状、内涵及意义，为后文提出装配式管廊全寿命周期绿色管理奠定基础。

参考文献

[1] 李启明，夏侯遐迩，岳一博，等. 建筑产业现代化导论 [M]. 南京：东南大学出版社，2017.

[2] 李晓婷. 建筑工业化可持续发展评价研究 [D]. 哈尔滨：哈尔滨工业大学，2019.

[3] 仲继寿. 对我国建筑工业化发展现状的思考 [J]. 动感（生态城市与绿色建筑），2017（1）：20-23.

[4] 盛棋楸. 预制装配式技术在综合管廊领域的应用与发展 [J]. 中外建筑，2018（5）：192-193.

[5] 杨平. 新型建筑工业化及其特征初探 [J]. 山西建筑，2016，42（33）：7-8.

[6] 白月枝. 我国装配式建筑进入快速发展新阶段 [J]. 墙材革新与建筑节能，2016（11）：48-49.

[7] 何毅威. 浅析预制装配式技术在市政工程的应用现状 [J]. 城市道桥与防洪，2019（9）：154-156，18.

[8] 马腾，孟贵林. 装配式地下综合管廊发展研究现状和展望 [J]. 四川建筑，2019，39（1）：111-113，115.

[9] 陆文皓，齐玉军，刘伟庆. 装配式综合管廊的应用与发展现状研究 [J]. 建材世界，2017，38（6）：87-91.

[10] 张勇，李慧民，魏道江. 城市地下综合管廊工程建设安全风险管理 [M]. 北京：冶金工业出版社，2020.

[11] 胡君. 装配式管廊推广应用研究 [D]. 北京：北京建筑大学，2017.

[12] 刘旭光. 绿色工程项目管理评价体系构建研究 [D]. 长春：吉林大学，2013.

[13] 王起. 绿色管理在西方的兴起 [N]. 中国环境报，1993-05-15.

[14] 刘思华. 现代管理理论的缺陷与绿色管理思想的兴起——企业生态经济管理研究之一 [J]. 生态经济，1995（2）：7-10.

[15] 胡春才. 新世纪跨国公司的竞争点：绿色管理 [J]. 科学管理研究，2011（3）：28-32.

[16] 李小中. 绿色管理：企业管理新概念 [J]. 现代管理科学，2001（2）：52-54.

[17] 荷恒信，祁明德. 论人本管理的新发展——谈谈绿色管理 [J]. 科学经济社会，2001（4）：49-52.

[18] 黄志斌，朱孝忠，李祖永. 绿色管理内涵拓展及其目标设计 [J]. 软科学，2004（5）：71-74.

[19] 陈舜友，丁祖荣. 绿色管理内涵拓展及其构建 [J]. 科技进步与对策，2013（9）：14-16.

[20] 徐建中，吴彦艳. 绿色管理的理论研究 [J]. 商业研究，2004（6）：48-50.

[21] KIBERT C J. Sustainable construction: Green building design and delivery [M]. 2nd Ed. John Wiley & Sons, 2007.

[22] SHRIVASTAVA. The competitive advantage of nations [M]. Macmillan Press, 1999.

[23] ROBICHAUD B L, ANANTATMULA V S. Greeting project management practices for sustainable

construction [J]. Journal of Management in Engineering, 2011, 27(1): 48-57.

[24] 潘祥武. 生态管理：传统项目管理应对挑战的新选择［J］. 福建论坛（人文社会科学版），2002（6）：17-20.

[25] 白思俊. 现代项目管理［M］. 北京：机械工业出版社，2002.

[26] 郭慧珍. 浅论绿色工程项目管理［J］. 山西建筑，2009，35（15）：186-187.

[27] 承钢. “绿色”工程项目管理［J］. 中国建筑装饰装修，2010，91（7）：192-193.

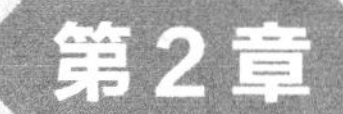

装配式地下综合管廊全寿命周期绿色管理

传统意义上的管廊项目管理主要是以施工阶段为主，在施工阶段采取针对性的管理手段，严格把控项目质量、成本、风险等，确保施工目标顺利完成。而对于装配式管廊全寿命周期绿色管理来说，除上述之外，还涵盖了更多的内容，下文将分析装配式管廊全寿命周期各个阶段的绿色管理。

2.1 装配式管廊全寿命周期绿色管理概述

2.1.1 全寿命周期绿色管理内涵

1. 全寿命周期管理

全寿命周期管理是从项目长远利益角度出发，以项目寿命周期的整体优化为管理目标，运用一系列先进的技术手段和管理方法，将统筹决策、设计、生产、经销、运行、使用、维修保养、回收再用等一体化，以确保项目的合理规划、安全生产和可靠运行[1-2]。

工程项目因建设目标和使用功能不同，具有各自的建造特性，但均存在一个共性特点：每个项目都有明确的开始节点和结束节点。项目建设周期较长、投资较大，为了更好地管理和控制项目，通常将项目划分为多个阶段，每个阶段都以一个或多个节点作为完成标志，各个阶段组成了项目的全寿命周期。由于不同组织对于项目建设过程的划分不同，因而对全寿命周期的划分也存在差异[3]。国内外对项目全寿命周期的划分，一般有如下两种方式：

1）国际标准化组织对建设项目全寿命周期的划分

国际标准化组织（International Organization for Standardization，ISO）将建设项目全寿命周期划分为建造、使用和废除三个过程，并将第一个过程更加详细地分为开始、设计和施工三个子过程。

2）我国建筑行业对建设项目全寿命周期的划分

我国建筑行业对项目全寿命周期的划分通常是以项目建设的程序为基础，大致分为规划、设计、施工和运营四个阶段（图 2-1）。其中，第一阶段包括项目建议书、可行性研究两个部分；第三阶段包括施工前准备、建设施工、生产准备、竣工验收四个部分。

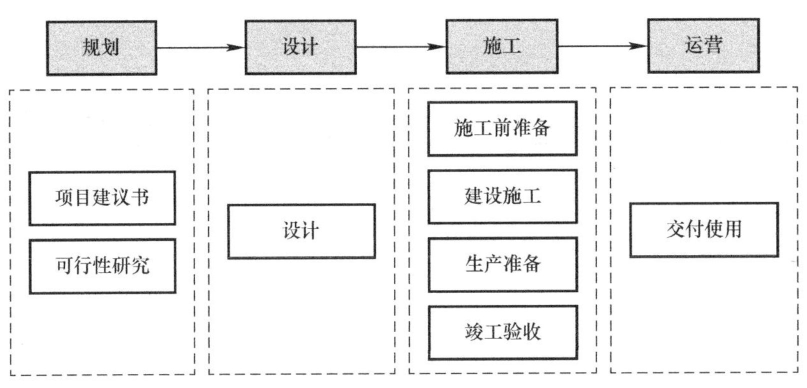

图 2-1　建设项目全寿命周期的划分

全寿命周期管理主要是对工程项目建设全过程的进度、成本、质量、信息、合同、风险和材料等方面的综合管理，具有宏观预测和全局控制两大特点，避免了短期管理行为[4]。具体来说，它以项目整个寿命周期为主体，以各阶段目标实现为重点，宏观预测项目在运行过程中可能出现的问题和缺陷，通过有效、全面的管理和控制，最终达到预期目标。

2. 装配式管廊全寿命周期绿色管理含义和特点

基于对装配式管廊建设项目全过程的整体认识，将绿色管理和全寿命周期管理理念有机融合，充分考虑项目节能、节材、节地、节水的高效性，以及环境资源保护与经济收益之间的关系，使得项目在全寿命周期中的各项工作满足生态环境、经济、社会可持续发展的要求。基于全寿命周期角度，装配式管廊的绿色管理可分为决策与设计、生产制造、运输储存、现场施工和运营维护五个阶段（图 2-2）。

装配式管廊全寿命周期绿色管理特点如表 2-1 所示。

装配式管廊全寿命周期绿色管理特点　　表2−1

序号	特点	表征
1	整体性	装配式管廊全寿命周期绿色管理更侧重于整体性，在将绿色管理方法和措施贯穿于全寿命周期，实现项目效益最大化的同时，保证项目从决策设计阶段到运营维护阶段节能节材、绿色环保以及生态友好目标的实现。对装配式管廊项目绿色管理内涵的深刻理解需要从项目的全寿命周期出发，运用先进的管理理念和方式，从不同的专业角度对各个阶段的工作进行优化，协调各部门在各阶段的信息沟通与共享，最终达到项目预期目标
2	集成性	装配式管廊项目全寿命周期过程中将产生海量信息需要进行收集、整理和传输。通过使用互联网传输、计算机集成、BIM平台等技术，创建一个数据库平台，通过该平台可以在项目全寿命周期内集成和管理各参与方、各专业、各流程的信息数据

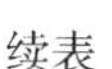

续表

序号	特点	表征
3	协调性	装配式管廊项目全寿命周期过程中主要关注管理人员之间的协作，以人为对象，保持良好的沟通。在全寿命周期的整个过程中，贯穿绿色理念，提高服务管理质量，了解在不同环境中资讯的传递和共享情况，以及在整个寿命周期中进行联合动态调整和监控，这是全寿命周期管理模式协调性的本质
4	并行性	装配式管廊绿色管理在全寿命周期各个阶段是同时进行的，在决策与设计阶段就应考虑构件制造阶段、运输和储存阶段、施工阶段和运维阶段的各项需求和各种问题
5	特殊性	装配式管廊作为一种市政基础设施，其包含的社会效益和经济效益往往体现在项目竣工后的运营和维护阶段，因此，需要在决策与设计阶段就规划运营维护阶段的节能、节水等，优化绿色管理策略，从而更好地实现目标

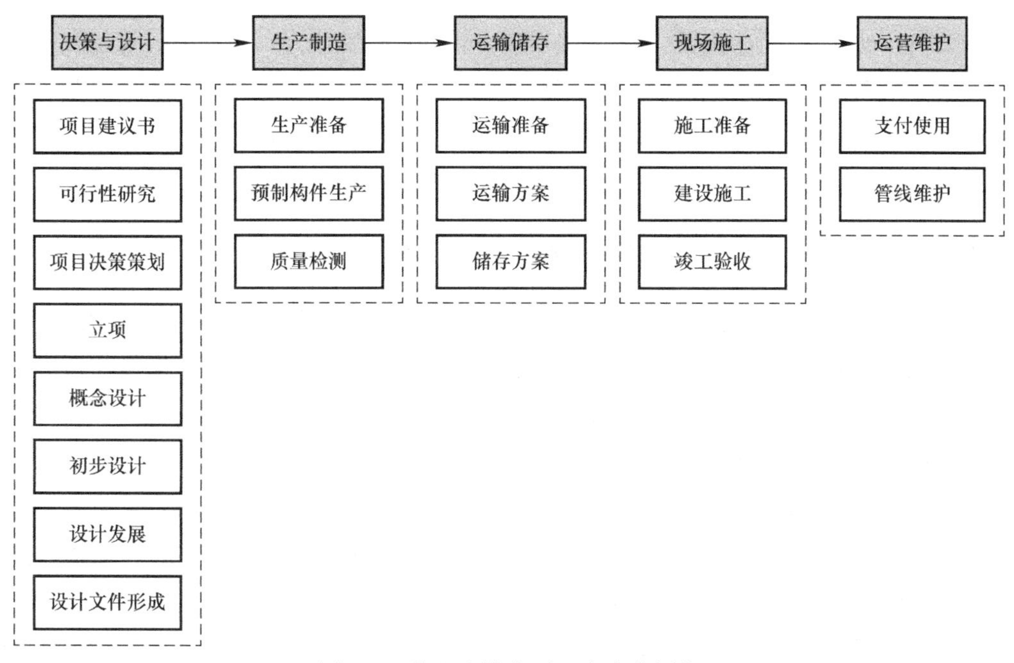

图 2-2　装配式管廊项目全寿命周期

3. 装配式管廊全寿命周期绿色管理与传统管廊项目管理的区别

1）不同的管理范围。前者的管理范围是从项目决策设计到运营维护的完整寿命周期。后者的管理范围仅包含项目的实施阶段，是一种短期、不完善的管理。

2）不同的管理目的。前者注重项目全寿命周期的经济效益、清洁环保、能源节约、技术要求、施工质量等各个方面，避免为获取短期利益而浪费资源、破坏生态环境的短视行为，力求在决策、设计、施工、运营维护等各个阶段都达到绿色节能、生态保护、降低污染，与自然和谐相处的管理目标[5]，实现项目的整体优化。后者注重施工阶段的效益，虽然可在很大程度上降低成本和缩短工期，但容易产生能源消耗大、环境污染严重等问题，忽略了社会效益和环境效益。

3）不同的管理组织架构。前者更注重整体管理目标的实现，具有更完善的管理模式、更高效的管理架构和更清晰的职能划分，在与传统管理架构相同的五方主体参与的基础上，将审批单位、环保部门、政府部门、毗邻单位、用户等纳入其中。同时，前者具有相对完整的管理体系，通过在各阶段制订严格的管理机制，明确各阶段过程管理目标，使得项目整体目标可以更好地实现。后者没有把项目对环境的影响纳入考虑范围，其组织架构没有绿色生态化、能耗管控、资源控制等方面的职能部门，存在绿色生态化目标缺失、能耗管控不佳和管理部门职责分配模糊等问题，这是造成环境污染严重和能源消耗大的主要原因之一。

4）不同的管理出发点。前者着眼于获得长期的社会效益和经济效益，将寻求项目与生态的平衡作为出发点，以实现经济、环境与社会三者协调发展。当经济利益与环境效益发生冲突时，前者以各阶段绿色管理为出发点，以环境效益优先、长远经济效益为主，力求综合效益最大化。后者的出发点在于用最少的成本获得最大的利益，即项目前期成本投入与项目后期利益回报的差额最大。同时，后者追求短期经济效益，对生态环境保护和能源消耗降低等不够重视，对管廊在运营维护阶段存在的不利因素考虑较少。

2.1.2 全寿命周期绿色管理意义

装配式绿色管理从全寿命周期的角度出发，基于环境生态和谐与可持续发展的理念，分析装配式管廊项目各个阶段绿色管理的实施，从而实现资源节约和项目增值的目标，促进其经济效益、社会效益的协调统一发展。

1）有助于外部经济效益的转化。外部经济效益是某种经济活动对活动主体的外部环境所产生的影响，这种影响很难量化评价，且外部经济效益的模糊性也容易导致人们做出不合理决策。利用装配式管廊全寿命周期绿色管理的核心理念，可以实现经济效益的内部转化，这种转化方式要求每个施工班组、施工人员以及管理人员都秉持着绿色环保、节约资源的原则进行施工，减少不合理经济行为带来的浪费，将外部经济效益转化为内部的经济增长。

2）有助于找到项目一次性投入与后期维护的最佳结合点。一次投资与长期运维的关系在项目中一般是互相矛盾的，是困扰项目建设的一个关键问题。但装配式管廊全寿命周期绿色管理模式的出现，使这一矛盾得到较为有效的化解。正确理解和运用全寿命周期绿色管理的理念和方法，便于找到投入与维护的最佳结合点，实现最经济的资源耗费。

3）有助于数据信息的高效共享。在装配式管廊全寿命周期绿色管理过程中，如果充分发挥数据共享的优势，有利于通过前瞻性的信息和数据做出合理决策，实现资源节约的目标，提高项目经济效益。

工程项目的使用寿命可分为经济寿命和技术寿命。经济寿命指项目因为经济原因被拆除或改建，而技术寿命是指项目因技术原因不能继续使用。事实上，工程项目因经济原因需要改变原建筑物功能的情况更为普遍，大多数建筑都无法使用到技术寿命，这种情况形成巨大的资源浪费。若在决策阶段就充分考虑到项目全寿命周期内各种可能的使用模式，为功能改变预留工作接口，尽量减少设计、施工中的大量重复劳动，就可大大降低上述浪费。

2.1.3　全寿命周期绿色管理 BIM 技术

作为一种有效的信息载体和项目管理工具，近年来，BIM（Building Information Modeling）技术在地下综合管廊等各项市政工程中的应用越来越广泛。BIM 技术以三维模型作为支撑，整合了与管廊相关的各种信息数据。BIM 技术在管廊工程中的应用，将实现工程的可视化、数字化施工及施工管理信息化，有助于质量、进度、施工成本和安全管理水平的提高。此外，基于 BIM 技术，整合所有过程信息，创建全寿命周期的 BIM 模型，可为装配式管廊全寿命周期绿色管理提供有效的、科学的方法，尤其是为后续的运维管理提供大量数据基础和技术支持。

1. BIM 概念与特点

1）BIM 技术概念

BIM 是以建设项目的信息数据为基础，通过对建筑的真实信息进行 3D 仿真模拟，实现对建筑项目的工程管理、设备管理、资产管理、数字化处理和工程监理等。BIM 不仅是软件，也是实现建筑信息化的重要工具，是可以帮助建筑行业实现精细化管理的平台。

通过将项目有关信息集成到 BIM 技术中，可以实现项目全寿命周期的信息共享，项目技术人员能够通过 BIM 技术全方位了解项目整体信息并高效应对。同时，BIM 技术还可以在不同单位之间的沟通中起到协同作用，使沟通更加轻松、快捷，在工期、项目成本和生产效率方面提供进一步优化。

2）BIM 技术特点

BIM 技术具备可模拟性、可协调性和可视化等特点。

可模拟性指通过 BIM 技术，实现对装配式管廊施工全过程的真实场景三维模拟，通过实景模拟可以提前发现在装配式管廊施工过程中出现的问题，尽早采取相对应的措施，避免给项目带来损失。

可协调性指通过 BIM 技术形成的三维模型没有中介参与，多个不同领域的工作人员可以直接在该设计环境中交流沟通，有效避免因沟通不畅等人为因素而导致的设计问题，使设计质量和设计效率在原有基础上得到提高。

可视化指通过 BIM 技术构建三维模型，使信息互动和反馈更加直观，不论是建设项目的前期规划、设计阶段，还是后期的施工、运营维护阶段，都能够以三维可视化的方式呈现出来，方便各方参与者进行沟通、讨论和决策。

由于 BIM 技术具有可模拟性、可协调性和可视化等特点，能够有效帮助装配式管廊项目在施工阶段的合理优化并进行绿色管理；同时，BIM 技术生成的施工图纸中所包含的建筑项目信息比传统施工图更加详细、具体。在地下管廊、管网、桥梁、道路等市政领域

逐步推广后，BIM 软件的价值已日渐显现，并逐渐被大众所认可[6]。

2. BIM 发展历程

信息技术发展之初，以计价软件进行工程算量、二维 CAD 进行计算机画图的模式取代了建筑工程人员手工计算和绘图的传统工作方式，可以及时对建设项目方案进行修改和优化。之后建筑业经历飞速发展和变革，传统的施工方式逐渐向低污染和低耗能的节能环保方向转变，传统的二维模式已经无法满足现代建筑信息化和建筑业的发展要求。发展到以三维模型为载体的数据管理平台，可以囊括建筑全寿命周期的所有信息，包括项目的规划阶段、设计阶段、施工阶段，以及项目建成后的运营维护阶段，全部信息均可呈现在三维数据管理平台中。BIM 技术能够保证信息传递的完整性，使数据信息交流共享更加便捷；在项目全寿命周期内应用 BIM 技术，不仅符合建筑业节能、绿色、高效的信息化发展需求，还可以降低项目成本、提高生产质量。

BIM 技术在欧美等国家的应用和发展较为领先，目前国内建筑业的标准化和计算机化程度与发达国家相比相对较低。美国 Autodesk 最早提出了 BIM 概念并进行了建筑信息化的研究，相关技术在大部分建设项目中得到了广泛应用，各类技术标准和 BIM 协会也在当地政府的帮助下逐步形成。虽然 BIM 技术在我国发展起步较晚，但在 BIM 发展的大趋势之下，我国积极借鉴发达国家经验并加大投入和研发力度，利用后发优势，明确 BIM 发展的关键因素，推动 BIM 技术的发展和应用，逐步缩小了与发达国家之间的差距。同时，有关部门发布的相关法案也大力推动 BIM 技术在建筑业的快速发展。近年来，BIM 技术在我国工程建设各个领域得到广泛应用，无论是设计复杂的大型工程项目，或是普遍存在的中小型工程项目，BIM 技术的优势都是不可小觑的。

短期来看，BIM 技术的应用可以降低图纸出错的风险，从而使工程项目更快捷、更精准、更经济，各参与方工作配合更协调高效，以提高项目设计、施工效率和质量。长期地看，在项目运维阶段借助 BIM 技术提供的高质量、高可靠性的信息，能更好地管理、运营、维护设施。BIM 技术在我国经历了多年市场孕育后已开始飞速发展，并正在引领一场重大技术变革[6]。

3. 常用 BIM 软件

建筑信息模型包含模型和工程项目各项相关信息，在整个项目全寿命周期中起着核心作用，每种 BIM 软件都有自己的特点和用途。常用的 BIM 软件见表 2-2[6]。

常用的BIM软件　　表2-2

软件功能	国外相关软件	国内相关软件
设计建模	Revit, Bentley, ArchiCAD, Tekla	无
结构分析	ETABS, STAAD	PKPM
机电分析	RevitMEP, IES Virtual Environment	鸿业MEP
LEED分析	Echotect	PKPM

续表

软件功能	国外相关软件	国内相关软件
成本管理	Innovaya, Solibri	鲁班、广联达
碰撞检测	Revit, Navisworks, Solibri Model Checker	无
施工管理	Navisworks, ITWO	广联达—BIMSD

2.2　装配式管廊全寿命周期绿色管理基本内容

2.2.1　决策与设计绿色管理

1. 决策阶段绿色管理分析

项目决策阶段工作重点在于明确项目的主要指标，包括分析和确定项目选址、明确项目建设目的和原则、落实项目建设资金来源、确定项目实施组织架构，以及拟定项目建设三大目标（成本、进度、质量）等。装配式管廊项目决策阶段绿色管理能够帮助项目完善管理职责、增强项目现实意义，大幅提升项目综合效益的目标。

决策阶段绿色管理任务主要是对项目进行合理分析并择优选定实施方案。统筹全局，注重建筑与环境的和谐相处，降低对周围环境的影响，兼顾经济、社会和环境效益是装配式管廊项目决策阶段需要完成的工作。对拟定项目进行可行性分析以及评估策划时，项目前期决策努力程度与整个管廊项目绿色管理的成本、进度和绩效控制呈近似线性相关[7]。前期规划努力程度越高，项目绿色管理的成本和进度控制就越有效，如图 2-3 所示。

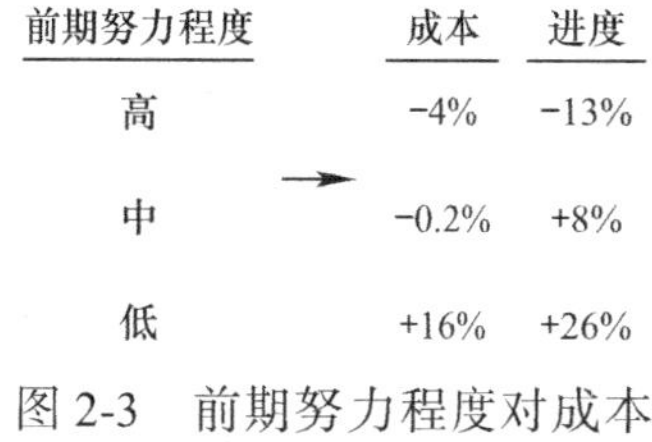

图 2-3　前期努力程度对成本和进度的影响

2. 设计阶段绿色管理分析

设计阶段是项目管理实施的关键阶段，装配式管廊项目的设计阶段绿色管理在满足成本、结构的基本要求的同时，还应注重环境资源保护与装配式管廊的利用率，降低资源的使用量，避免对环境产生负面影响。在绿色管理过程中，绿色设计有利于提升装配式管廊项目的绿色程度，是对其建设全过程的保证[8]，主要体现在以下两个方面。

1）舱室的断面标准化设计

装配式管廊断面标准化设计必须遵循舱室组合形式，根据舱室组合的需要，设计标准断面形式，尽可能通过更少的标准断面组合出更多的断面形式，以减少预制模板的数量和成本；同时，提升预制装配式管廊的使用率，减少资源的浪费。

2）舱室的灵活组合形式

在装配式管廊的设计阶段中，“少规格、多组合”的断面标准化设计是基础，有利于实现装配式综合管廊节段生产批量化，很大程度上避免了生产过剩的问题。通过丰富的组合形式产生不同的拼装样式，使得装配式管廊能够适用于不同的设计方案和施工情况。

3. 影响决策与设计阶段绿色管理的因素

长期以来，国内对建筑工程设计的标准一直停留在基本功能及安全、经济等方面，忽视了十分重要的环保工作，致使周围环境遭到严重破坏。为改善环境问题，需大力推广绿色决策和绿色设计，但在推广过程中可能存在以下问题。

1）目前，业主在社会经济环境中的地位越来越重要，参与项目开发的意愿也日益增强，业主方往往希望将自己对项目的要求和设计理念融入项目设计中，这无形中给项目开发带来了障碍，增大了项目完成的阻力。

2）伴随着国内工程建设领域的发展，其市场成熟度更胜以往，项目的设计阶段面临更大挑战。绿色决策与绿色设计的核心是降低环境污染程度，减少企业负面影响，做到与环境的协调发展，最终营造出与国家发展理念相符的绿色、环保、生态、节能的建设环境。而传统的项目决策与设计依然存在忽视节能、环保、舒适等问题，与我国长期实施的可持续发展理念不符。

2.2.2 生产制造绿色管理

1. 生产制造阶段绿色管理分析

相较于传统的地下综合管廊，目前兴起的装配式管廊的主要特点就是实现了其主体构配件的工厂化生产，即大多数构件可以在预制工厂内提前加工，仅有小部分重量过大、形状复杂、尺寸较大的构件因运输困难等原因而选择在现场进行制作。显然，管廊构件的工厂化生产受到气候和季节变化等外界影响较小，能够在一定程度上缩短项目的施工周期，使现场的施工效率得到提高。但同时，在装配式管廊构件的生产制造阶段也可能存在诸如预制构件质量不合格、构件生产效率低下等问题，给装配式管廊的安全建设及运行带来阻碍。为解决上述问题，在管廊预制构件的生产制造阶段就迫切需要绿色管理。生产制造阶段绿色管理是指对于构件生产制造全过程，借助科学、合理的技术或管理方法，实现构件质量与生产效率的兼顾，从而为管廊项目的安全施工及运行提供有力保障，更好地实现项目的绿色管理目标。

2. 生产制造阶段绿色管理主要内容

预制构件生产制造作为装配式管廊建设的关键环节，绝不允许出现差错，必须对其全过程实行绿色管理。生产制造阶段按照流程主要包括前期准备、构件制作、构件质量检测与管理等内容，现对各部分内容的管理要点进行简要叙述。

1）前期准备阶段

在这一阶段中，构件制造企业需从预制场地、材料和试生产三个方面进行重点把控。

首先，布置预制场地时，需根据具体情况摆放各类安全设施和采取相应的环境保护措施，确保达到安全文明生产的要求；场地平整与清理时，应尽量降低对其余建筑物及设施的破坏。除此之外，在预制场地内对各个加工分区进行合理规划，最大程度保证场地利用率且便于构件的加工生产。

其次，为降低资源消耗，原材料的选择也要予以重视。构件的制作需要用到混凝土、钢筋等原材料，应尽量选用低能耗的材料，并保证原材料的质量达到要求。

最后，在预制构件正式生产前，需要对预制构件进行外观及结构检验，判断其是否达到合格要求，并对生产流程进行调整，保证人、材、机之间的协调配合。

2）构件制作阶段

对于预制构件的加工制作，管理要点为针对不同类型的构件特点选择适合的先进、成熟的生产方式，从而最大程度地提高构件的生产效率；同时，强化一线生产人员的安全意识，对生产流程中的关键环节进行严格把控，对各类指标进行全面检查，确保每一道工序均达到标准。

3）构件质量检测与管理阶段

预制构件的质量直接影响到管廊运行效果的长效发挥，为了确保预制构件成品的质量过关，除了需要采取一系列管理措施对构件生产阶段进行质量控制，还应对预制构件成品进行相关检测。检验不合格的预制构件需返回工厂，由专门的技术人员进行维修，无法维修的预制构件需做报废处理，以确保装配式管廊项目建设的顺利进行。

2.2.3　运输储存绿色管理

1. 运输储存阶段绿色管理分析

施工材料的运输储存是装配式管廊全寿命周期绿色管理过程中的一个重要环节，材料的运输储存过程中应该注意以下几个方面的管理[9]。

1）材料的运输工具

在装配式管廊建设施工过程中，需要根据施工材料的种类和数量来选择合适的运输工具。不同的施工材料选择的运输工具有很大的差异，例如，对于混凝土这类有时效要求的建筑材料，应该考虑运输工具的运输速度和密封性；对于沙子、砾石等运输量比较大的建筑材料，应该考虑运输工具本身的运输能力。选择适合的运输工具不仅可有效节省时间、提高施工效率，还能够节省运输成本，有利于实现高效节能的绿色管理理念。

2）材料的运输方式

部分装配式构件体积较大，在运输过程中如果放置方式不合理难免会出现破损，因此选择合适的运输方式也是非常重要的。例如，在运输过程中，构件一般处于平放或直立的状态，如遇到特殊情况，为防止构件滑动，应采取绑扎固定等支撑措施。此外，在选择运输方式的同时，也要考虑相关的减振措施。

3）材料的运输距离

通常来说，将装配式管廊施工材料从生产地运输至施工现场的运输路径选择多样，如何在众多路径中选择出最佳的运输路径是至关重要的。不能仅将运输距离作为唯一考虑因素，还应考虑到所选路径中各道路的畅通程度，规划出一条在道路畅通的前提下距离最短的路径，从而最大程度地节省人力、物力和财力，做到绿色运输。

4）材料的来源

"就近原则"是选取装配式管廊建筑材料需要着重考虑的一项内容，应尽量在项目施工现场附近选择建筑材料，尽量避免异地调送，一方面能够节省运输成本，同时避免在运输过程中造成部分材料浪费和环境污染等问题；另一方面，可以带动当地相关上下游产业的发展，为项目提供更多的资源支持。

5）材料的储存方式

部分装配式材料在储存期间经常出现裂纹等局部破损情况，导致后期施工受到影响，很大一部分原因是储存方式不合理，因此选择合适的储存方式极为重要。

2. 影响运输储存阶段绿色管理的因素

预制构件已越来越多地应用于各个领域当中，如交通领域的预制桥梁构件、建筑行业的预制混凝土构件、配网工程中的预制电缆井、风力发电工程中的大型风力发电机叶片、大型铁塔的预制基础等。随着预制构件的广泛应用，对更加绿色的运输和存储方式的需求正在增加。然而，预制构件往往体积较大，这意味着运输储存过程中受到很多方面的限制。以下是绿色运输储存过程中存在的几个主要问题。

1）对运输预制构件的物流安全管理认识不足

在许多现代企业管理中，物流管理已被广泛应用[10]。然而，我国建筑施工单位对于预制构件的物流管理水平还较低，仅仅停留在预制构件的生产和现场施工这两个阶段，对预制构件运输与储存的安全重要性的认识程度严重不足。

2）建筑施工单位运输管理制度不完善

尽管部分建筑施工单位对原有的物流管理体系进行了改造，但大部分施工单位并没有建立足够完善的运输安全管理制度。在建造过程中，没有单独的运输阶段信息管理系统；在运输之前，没有编制完善的专项运输方案。大部分施工单位使用的仍是生产阶段的信息管理系统。

3）对预制构件的储存不够重视

许多施工单位在现场设置过小的场地来堆放需长期存放的预制构件，还有一些施工单位将预制构件放置在人员密集的地方，导致预制构件在储存过程中发生安全事故。由此可见，对预制构件的储存未得到足够的重视。

4）预制构件运输安全管理的智能化水平偏低

与国外同期预制构件管理技术相比，我国预制构件运输安全管理的相关技术稍显落后。现阶段，智能信息化管理系统的应用范围较小，导致预制构件在运输过程中的实时位置检测和环境监测的信息动态差，难以发挥在线预警作用，缺乏可靠的技术支撑。

2.2.4 现场施工绿色管理

传统的施工模式更加注重施工时间和施工成本的节约，将环境和生态系统保护置于非

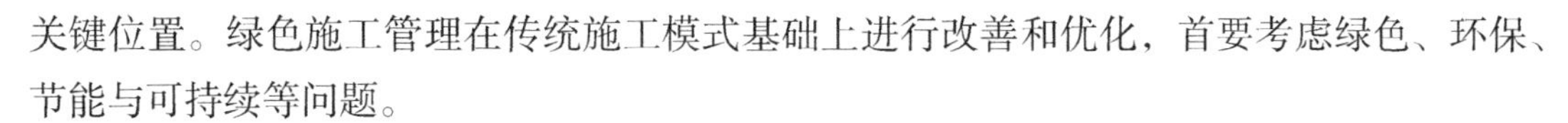

关键位置。绿色施工管理在传统施工模式基础上进行改善和优化，首要考虑绿色、环保、节能与可持续等问题。

1. 施工阶段绿色管理分析

施工阶段是建筑项目对生态环境影响最大的阶段，这个阶段的管理对项目全寿命周期管理起着至关重要的作用[11]，决定了工程项目质量、项目安全性、能源的消耗以及建筑垃圾的产生和优化利用的程度。在装配式管廊建设中，施工阶段的管理需要达到绿色施工的管理目标。

另外，必须从施工过程的优化与施工产品的优化两个方面入手，在绿色建筑的各个方面深化可持续发展理念。施工过程的优化，即利用绿色生态技术提高施工性能，提升资源利用率，达到节约原材料的目的。施工产品的优化，即为了有效减少废弃物造成的环境污染，应采用更加环保的产品，尽可能选用不破坏环境且符合标准的原材料。

2. 影响绿色施工管理的因素

绿色理念在推进绿色施工管理的过程中被广泛认可，但在实施过程中仍然无法避免三个问题：如何改变传统的施工模式，如何通过变革来实现绿色施工管理，以及如何规范化绿色施工管理。以下是影响绿色施工管理的几点具体因素。

1）投入成本增加

开展绿色施工所需解决的首要核心问题是经济问题，要想实现绿色施工，企业就需要升级其基础设施，因为传统的设施已不能满足绿色施工的需求。但是更换一系列设施需要投入大量资金，这与当前企业追求利益最大化的理念相矛盾。对于一味追求利益最大化的企业，最终会选择放弃绿色施工，继续采取传统施工模式。

2）施工人员缺乏正确认知

大多数一线施工人员遵循内部固有的工作方式，严重缺乏创新思维，是导致绿色施工受阻的原因之一。此外，一线工作人员的受教育水平有所差别，导致在理解问题和处理问题的过程中存在偏差。为此，需要对一线施工人员进行针对性地培训，并组织一系列奖励性活动，鼓励大家积极参与并投身到绿色施工的建设中，帮助实现绿色施工的持续创新。

3）缺乏相关的制度支持

从国家层面来看，绿色施工缺乏相应政策支持以及有效的手段和制度体系。明确的评价体系是衡量绿色施工的标准，没有相配套的指标体系对绿色施工加以评价，将导致人们不能够明晰绿色施工的概念内涵、具体标准以及绿色施工的最终目标。从企业层面来看，企业内部也缺少相关的绿色施工制度安排，没有形成系统的管理体系。

2.2.5　运营维护绿色管理

1. 运营维护阶段绿色管理分析

在运营维护阶段，通过对装配式管廊进行定期检修，以确保管廊结构正常运行。运营维护阶段管理的主要内容包括智能化信息管理、管廊内部监控、安防、消防、通信管理等。在此阶段，应综合考虑装配式管廊的安全运行与运营管理成本之间的关系，坚持“以人为本”和可持续发展的理念，提高装配式管廊的运行效率和绿色可持续发展水平。

2. 运营维护阶段绿色管理主要内容

施工阶段结束后，项目开始运营和投产，此时项目进入运营维护管理阶段。与其他阶段相比，装配式管廊建设项目的运营维护阶段是全寿命周期中持续时间最长的阶段，约占整个寿命周期的90%以上[12]，因此，后续的运营维护工作十分重要。要实现装配式管廊绿色管理的核心目标，就需要确保所使用的管理策略科学有效，在运营阶段落实绿色管理[13]。

住房和城乡建设部明确提出：推进智能绿色建筑，节约能源，降低资源消耗和浪费，减少污染，是建筑智能化发展的方向和目标，也是绿色建筑发展的必经之路[14]。在运营维护阶段，有必要加强信息管理的智能化，并对数据进行采集、监测、反馈和管理，充分利用先进科学技术作为智能化管理的有效手段。并通过引入监控、消防、通信和安防系统，不断提高装配式管廊的性能，以满足管廊安全预期功能[15]。

3. 运营维护阶段绿色管理的意义

除了持续时间最长，装配式管廊建设项目运营维护阶段的另一大特点是能耗最大，约占总耗能的70%～80%，即便是最有能源效率的建筑物，其运营维护阶段的耗能也占总耗能的50%～60%[16]。与此同时，大部分的运维成本也在该阶段产生，因此对这一阶段进行有效的范围定义显得十分重要。主要涉及以下两个方面。

1）实现绿色建筑的增值

装配式管廊建设项目决策与设计阶段、生产制造阶段、运输储存阶段和施工阶段的效果最终将在运营维护阶段（运营期）显现，通过合理界定这一阶段的范围区间，能够明确该阶段的任务，进而在各项规章制度的加持下，实现绿色建筑的价值增值，确保运维阶段节能、高效目标的实现。

2）实现项目寿命周期的延长

通过合理定义装配式管廊建设项目范围，可以更有效地进行建筑、设备和管道的维护检测，及时反馈和处理出现的问题，以延长各构件、设备、管道的使用寿命，从而延长项目全寿命周期。

2.3 本章小结

本章主要从全寿命周期的角度出发，阐述了装配式管廊全寿命周期绿色管理的概念、特点、基本内容及BIM技术；论述了全寿命周期绿色管理各阶段（决策与设计阶段、生产制造阶段、运输储存阶段、施工阶段及运营维护阶段）的绿色管理应用要点，并对其重要性进行分析，从而为后续各章的开展提供理论基础。

参考文献

[1] 肖开春. 面向全寿命周期的绿色建筑设计[J]. 中国建材科技，2015，24(2)：141-142.

[2] 张永娜. 绿色钢结构建筑全寿命周期管理研究[D]. 吉林：长春工程学院，2017.

[3] 张勇，李慧民，魏道江. 城市地下综合管廊工程建设安全风险管理[M]. 北京：冶金工业出版社，2020.

[4] 黄群骥. 数据中心从建设到运维来谈全寿命周期管理[J]. 智能建筑与城市信息，2013(6)：44-46.

[5] 许蕾. 绿色建筑全寿命周期建设工程管理和评价体系研究[D]. 济南：山东建筑大学，2015.

[6] 蔡梦娜. BIM技术在城市地下综合管廊施工中的应用研究[D]. 辽宁：沈阳建筑大学，2019.

[7] 高教银. 建设项目全寿命周期成本理论及应用研究[D]. 上海：同济大学，2008.

[8] 张远非. 房地产项目绿色管理模式应用研究[D]. 吉林：吉林建筑大学，2016.

[9] 高莹. 绿色施工管理模式研究[D]. 河北：华北理工大学，2018.

[10] WANG Z J, HU H. Improved precast production scheduling model consi-dering the whole supply chain [J]. Journal of computing in civil engineering, 2017, 31(4): 1-12.

[11] 吕晓光. 建筑工程施工阶段环境管理研究[D]. 天津：天津大学，2012.

[12] 申琪玉，李惠强. 绿色施工应用价值研究[J]. 施工技术，2006，34(11)：60-62.

[13] 阮英. 全寿命周期视角下管道工程项目绿色管理分析[J]. 城市建筑，2020，17(33)：180-183.

[14] 钱丹萍. 绿色建筑智能化与标准[J]. 绿色建筑，2014，6(1)：65-67.

[15] 李佑龙. 绿色建设项目范围管理的系统分析与研究[D]. 西安：西安科技大学，2016.

[16] THORMARK C. A low energy building in a life cycle—its embodied energy, energy need for operation and recycling potential [J]. Building and Environment, 2002, 37(4): 429-435.

装配式地下综合管廊决策与设计阶段绿色管理

集成城市规划、地下空间设计和施工步骤等的装配式管廊对改善城市容貌发挥着重要的作用。在确保工程安全和质量的前提下，装配式管廊从多角度出发，通过运用科学的管理方法与先进的技术，提高资源利用率，节约能源，减少环境污染，实现建筑业的可持续发展。为完成上述绿色目标，应在装配式管廊项目前期决策和设计阶段合理运用绿色管理理念，明确该阶段应当遵循的原则以及采取的措施。

3.1 决策阶段绿色管理

决策阶段绿色管理的核心工作是对装配式地下综合管廊工程项目进行可行性研究分析；决策阶段绿色管理的重要内容为经济实用、节能环保。决策阶段绿色管理的目标包括利润和经济指标、环境指标、社会目标、节能目标、寿命周期目标[1]。

决策阶段应充分考虑项目的环保、经济、节能、寿命周期，利用前瞻性的决策，为项目功能转变提供技术升级的机会，尽可能减少施工阶段和运维阶段出现重复劳动、资源消耗、环境污染等现象，最终实现项目的保值增值。

3.1.1 决策阶段绿色管理原则

1. 科学性原则

从经济和技术的角度出发，根据城市的经济发展水平、地理位置、土地安全、人口规模、空间利用、道路交通、气候和水文、土地面积，选择建设不同类型管道，合理规划管廊的总路线、类型和建设周期。具体来说，结合城市新发展、城中村改造、道路布局、河流改造、管道建设、轨道交通建设、防空建设以及地下综合区建设等进度，科学规划综合管廊不同时期的建设规模等；根据不同的建设目标，科学规划综合管廊的近期、中期、

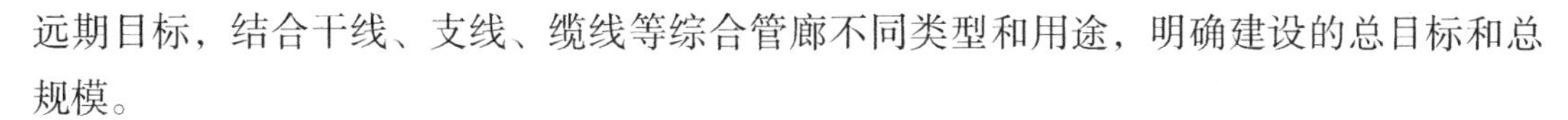

远期目标，结合干线、支线、缆线等综合管廊不同类型和用途，明确建设的总目标和总规模。

2. 可行性原则

在决策阶段，对综合管廊绿色建设的可行性分析是必不可少的。在进行可行性研究时，需全方位、系统性地论证综合管廊项目所采用的技术是否具有可行性、经济效益是否可观、环境条件是否允许、建设是否具备基本条件，以及全寿命周期是否具备节能环保目标等，从而保证综合管廊项目满足绿色建设要求。此外，项目建设过程中尽可能地选用符合国家绿色环保标准的建筑材料，同时采用科学合理的施工技术和方法，以达到降低能源消耗、减少对自然环境损害的根本目的。

3. 专业化原则

目前装配式地下综合管廊的专业技术人员和管理人员还比较稀缺，因此，项目决策阶段，需要进一步强化整个团队的建设，提高领导层面的管理水平。在建设方案初期的筹备、规划和实施过程中，应提前选拔和培养人才，加大对社会人员与高校毕业人员的选拔力度，合理配备专业管理人员与技术人员，培养高水平项目管理人才，从根本上提高建设团队的管理水平与技术专业水平，有效确保建设方案的实施以及绿色建设目标的完成。

3.1.2 决策阶段绿色管理任务

装配式管廊中引入绿色发展理念，在保障管廊项目质量、成本、安全等方面的前提下，同时保护施工区域的自然生态环境，以最大限度降低对施工周边气候、水土、交通的不利影响以及施工时各种能源的消耗。决策阶段绿色管理的重要任务是保证项目投资的经济、社会和环境效益，减少资源消耗和避免环境污染，缩短工期，提高经济效益，降低气体消耗与管道阻力损失泄漏，延长管道寿命周期[2]。综合管廊建设决策阶段的首要任务是提出项目建议书，然后进行项目调研，在此基础上撰写可行性研究报告并提交相关部门审批，对项目的科学节能、周围环境、公共卫生、安全、风险、水土、交通运输等进行专项评估，待审查审批通过后，即完成了项目的立项。综合管廊建设项目决策阶段的绿色管理基本流程如图3-1所示。

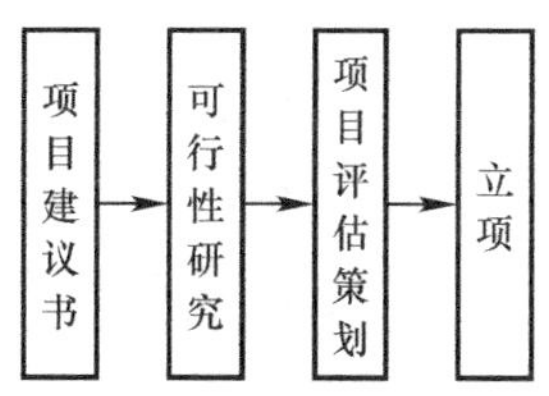

图3-1　决策阶段绿色管理基本流程

此外，实现装配式管廊的绿色建造，需要在初期策划过程中对项目进行科学合理的整体规划与布局，明确项目的绿色目标，并对项目所采用的绿色技术、绿色建筑材料、设计图纸上各施工环节等进行深入分析和研究。

1. 项目建议书

投资者通过研读项目环境保护政策和政府对于区域规划的相关政策，考虑装配式管廊建设的必要性，此时项目进入筹备状态。发起人着手编写项目建议书，将项目发起的初衷、实际解决的问题、初步调查等情况撰写成专业性的书面材料。

综合管廊项目多数是由政府主导建设，或是政府鼓励有关部门建设。作为城市地下空间基础设施的重要组成部分，投资者对项目的考量，不能简单停留在短期经济效益这一指标上，更重要的是需要考虑项目能否体现新时代节能环保、与自然和谐统一的理念，为社会的可持续发展提供根本性保障。

2. 可行性研究

可行性研究是项目顺利开展和推进的根本保障，也是审批部门对项目考核和审批的重点环节。对项目进行可行性研究时，建设方需要拟订一套贯穿全局的整体性框架，综合分析管廊项目全寿命周期如何体现节能、节材以及保护环境的优势，以便撰写可行性研究报告，进行绿色项目的概念设计。在进行可行性研究时，除了传统项目要考虑的一般情况外，更要从环境和市场角度出发，对项目所要达到的节能、环保、绿色目标进行分析和评估。装配式管廊比传统综合管廊的可行性研究更细致、深入，尤其是涉及生态资源以及节能环保等问题时，更需要进行详细的可行性研究。

可行性研究主要内容包括：项目建设的必要性和可行性；环保、节能方面考核指标；项目总投资额估算；项目的财务效益、经济效益、社会效益；项目总体方案优选比较；项目存在的主要问题，以及重大分歧意见[3]。

装配式管廊项目可行性研究准备工作的主要内容为：

1）装配式管廊项目总论；

2）装配式管廊项目需求分析（市场分析与前景预测）；

3）装配式管廊项目建设场址分析；

4）装配式管廊项目技术方案、设备方案、工程方案；

5）装配式管廊项目节能方案分析；

6）装配式管廊项目环境保护分析；

7）装配式管廊项目劳动安全；

8）装配式管廊项目消防安全；

9）装配式管廊项目组织架构与人力资源配置；

10）装配式管廊项目实施进度分析；

11）装配式管廊项目投资预算与融资方案；

12）装配式管廊项目财务评价分析；

13）装配式管廊项目社会效益与风险评价分析；

14）装配式管廊项目可行性研究结论与建议；

15）其他附件。

3. 项目评估策划

决策阶段需形成详细的决策策划书。首先，应全面了解国家对装配式管廊建设的相关制度以及扶持政策，以做出更合理有效、具有针对性的投资决策。其次，投资者还应该对建设方现有的专业技术能力、当前经济实力以及未来长期发展定位等做出客观全面的评估，确保更好地进行决策分析。

装配式管廊项目决策阶段的评估策划大致可以分为四个步骤：

1）前期实地考察调研，了解和分析项目周围环境以及项目特点；

2）拟订项目建设目标，对建设目标进行多方面分析评估；

3）根据已定目标初步拟订实施方案；

4）编制“装配式管廊项目决策策划书”。

4. 立项

决策阶段的根本任务是项目立项。装配式管廊项目的立项应在传统综合管廊项目立项的基础上，把项目绿色管理纳入立项审批环节。项目立项是项目决策阶段结束的象征，表明项目完成了各项前期准备工作，开始进入实施阶段。

3.1.3 决策阶段绿色管理措施

1. 加强策划管理

建设初期方案的设计规划、可行性分析研究、人员工作分配等是项目策划阶段的主要工作内容。方案的设计规划，首先应明确项目自身特征，全方位分析项目周边环境，明确对项目周边环境调查的必要性。对周边环境的分析包括自然环境、地理条件和人文环境：自然环境，如气温、降水量、风向风力等；地理条件，如项目所在区域地表层构造、地势情况、周围的黄土环境等；人文环境，如项目周边人文景观、保护区、周边居民的生活需求以及社会需求等。根据调查所得数据，对项目特征进行明确分析，分析内容包括绿色项目预期等级、建设项目主体基本情况、环境保护和资源使用情况等。

2. 合理分析论证

首先，装配式管廊项目应分析方案的生态效益并加以论证，根据前期实地调研所得数据，准确分析该方案是否遵循可持续原则充分利用可持续再生资源，再对项目进行实地环境评价，分析项目在全寿命周期内对施工周围环境造成的影响，并提出合理、可行、科学的建议来提升项目的环境效益。

其次，绿色项目须满足节能环保等要求，因此项目对专业技术的要求很高。在可行性研究中需要对初步策划方案中各项专业技术进行有效分析和论证。同时，需考虑技术的实际可操作性以及对施工周围环境的影响，通过综合评价得出科学合理的技术方案。

最后，应分析项目的经济效益与社会效益，基于全寿命周期做出项目成本估算，根据实际考察计算项目投资回报率，最大限度挖掘装配式管廊的潜在实际效益和社会效益，为投资者提供科学合理、可操作性高的建议。

3. 优化组织管理

针对日常施工管理、监测统计、资料管理及资源调度等管理工作设置专职管理人员。在此基础上，将绿色施工管理与其他方面的管理相结合，将责任细化落实到每个人，结合施工现场实际情况建立相应的绿色施工责任制度，保证在减轻个人压力的同时提高施工效率。

施工前做好相关人员培训工作，让管理人员提前熟悉施工项目，并根据绿色施工目标，编制专门的绿色建筑施工方案，明确对施工目标、职责划分、资源调度、规范拟定、检查评定等具体工作的分工安排。

4. 加强信息管理

装配式管廊的信息管理，首先应从项目初期的策划阶段开始实施，按照已制订的项目策划书进行有效的信息管理；其次进行专业人员的配备与分工，明确所需收集、记录的信息；最后在项目全寿命周期内进行实时跟踪反馈信息。

装配式管廊的全寿命周期信息管理中，在决策阶段，收集已论证的各项指标数据，如成本、能耗、材料等信息，明确各项指标数据可调节的范围，以便后期各阶段进行实况对比和监督。在设计阶段，对所规定的具体建筑物指标、资源需求量、周围环境影响指数、施工周期规定等信息进行收集整理。在施工阶段，收集所消耗的材料情况、可用能源结余、消耗工时台班等信息，并将这些数据指标与决策设计阶段进行比对，以便于及时做出调整。在运营与维护阶段，对项目建成后的能源节省量、物资材料使用量、用户反馈情况与需要维修量等信息进行整理归纳，为装配式管廊的后期验收评估与认证提供专业数据支持。

5. 注重风险管理

在项目全寿命周期内，决策阶段是风险事前控制的重要阶段。决策阶段风险因素主要包括项目的绿色目标定位不准确、缺少绿色建筑专业咨询单位的指导、社会对绿色建筑认识不充分等。因此，在绿色管理中，风险管理在决策阶段需被重点关注。

6. 加强绿色管理

装配式管廊项目绿色管理的总体规划和可行性研究的评估指标主要有装配式管廊的新技术、新材料、节能减排、环保、安全、可靠性要求等，针对高性价比、使用寿命长、环境生态优良等方面加以考核，落实项目绿色建设的措施。

3.2 设计阶段绿色管理

设计阶段是装配式管廊绿色管理过程中的关键环节。装配式管廊设计应以经济合理为基础，对整个生命周期进行预测，降低资源的使用量，避免对环境产生负面影响。实际设计过程中须保证管道运输、环境资源保护与经济功能并重。

在设计阶段，应根据实地考察情况实现地下空间的高效利用，保证施工方便、节约资源、保护环境，满足城市总体规划要求；结构尺寸设计满足经济设计要求，断面布局满足合理性设计要求；在满足使用功能的同时，为项目长远发展和城市未来布局提前预留一定的空间；确保项目的设计规划年限与城市地下空间总体设计规划一致。

3.2.1　设计阶段绿色管理原则

为了能将装配式管廊项目后期运营维护的费用尽可能降至最低，设计阶段需要对管廊整体的舱室尺寸、埋深、管线敷设等各项内容进行合理设计；为了提高能源的利用率，设计阶段需要优先选择适合的高性能材料，尽可能利用清洁能源，减少管廊在全寿命周期中对周围环境的影响。装配式管廊设计阶段绿色管理，应遵循以下原则。

1. 重视整体设计原则

装配式管廊设计阶段需要全面考虑国家政策、社会环境、自然环境、经济环境、各个参与方利益等因素，同时，将传统文化、地域特色、人文精神有机融入项目之中，满足项目设计整体性目标。

2. 环境负荷最小原则

绿色建筑提倡将建筑与生态环境相融合。建筑业是一个污染严重、能耗很高的行业，大面积建造将造成环境污染和能源消耗。因此，需要在建筑业内全面贯彻绿色设计理念，以有效减少建筑业对环境的污染，避免多余的环境负荷。

3. 经济效益与环境效益平衡原则

传统建筑设计为了尽可能提高经济效益，往往忽视了环境效益。因此，设计阶段绿色管理需要平衡经济指标增长和环境效益，即兼顾经济效益和环境效益，后续各阶段才能依据设计方案，有效开展绿色管理工作。

4. 资源节约与有效利用原则

设计阶段绿色管理为传统项目管理模式存在的资源浪费现象找到了合适的解决方案：通过减少施工过程中的材料和能源消耗来提高能源利用率；借助合理有效的施工监管措施，对施工现场的资源调度进行优化，保证资源高效利用。

3.2.2　设计阶段绿色管理流程

装配式管廊设计阶段需要确定项目具体需求，进行目标论证，尤其要收集整理同类型管廊项目的实际案例，通过对比分析和总结经验，以指导设计工作。设计时需重点关注技术、结构、工期、成本等是否满足绿色管理需求；在初步设计的基础上根据施工方案进行技术设计，消除技术难点；施工图设计是将所有的需求用图纸表现出来，包括项目设计说明、各种图例和多角度图纸，施工图纸经多次校对、审核后方可作为后续施工过程的依据。装配式管廊绿色设计流程如图3-2所示。

3.2.3　设计阶段绿色管理措施

装配式管廊设计阶段绿色管理的措施如下。

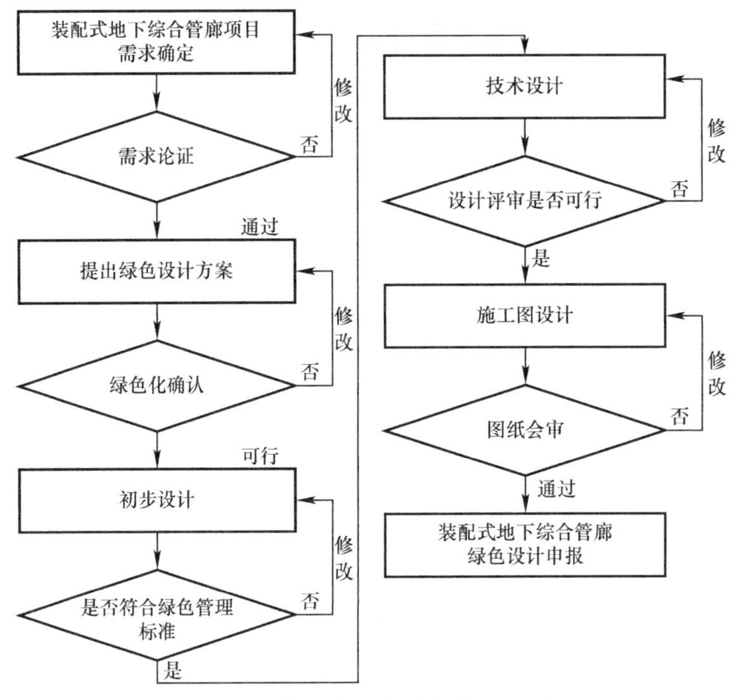

图 3-2　装配式管廊绿色设计流程

1. 管廊舱室设计

1）标准舱预制方式

通过研究综合管廊的设计和常规的施工经验可知，对于不同数量的标准隔间可以采用不同的预制方法。对于单舱断面，标准舱采用整体预制设计；对于双舱断面，标准舱采用顶部和底部两个预制件设计；对于多舱断面，标准舱采用顶部、底部和侧壁几个预制部件设计，并结合现浇和预制的方式进行施工。

2）舱室断面形式

设计断面时，要考虑管廊现场施工地质等诸多影响因素，舱室的设计分为以下三种类型：单舱断面、双舱断面和多舱断面。通常单舱结构采用圆形、方形和异形结构的设计。在顶管法和盾构法施工中，最常使用的形式是圆形结构；方形结构更适用于明挖法和顶进法的施工；异形结构更适用于明挖法的施工。双舱、多舱结构则使用部分矩形结构的组合。

3）节点设计

节点位置是综合管廊设计和施工的重难点。一方面，大多数节点部署不少于两层且深埋于地下，同时规模高于标准设计和施工规范；另一方面，管道节点是否能够进行合理划分、工作人员是否能够安全舒适地通过、布局是否能够满足规格要求等，这些约束条件使得管道交叉链路更多，管道节点的设计更复杂。因此，作为综合管廊的重要组成部分，节点的设计应满足方便通行、使用安全、管道分支路线合理、各边界均满足规范等要求。

装配式管廊节点主要包括以下两方面：第一，道路交汇处的综合管廊节点。交汇处有十字路口和丁字路口之分，节点类型可分为十字形和 T 形；第二，管廊控制室与管廊的连接节点。针对特殊节点的设计没有固定的方法，交叉口的设计受到管线类型、管线规格、管线布置、管廊舱室分布、分支管廊角度、地下空间规划等因素影响，需综合考虑实际影响因素及现场情况进行专门设计。

在节点设计中需要考虑以下内容：

（1）节点复杂时，往往难以形成规范，结构一般为现浇结构；

（2）节点不规则时，应注意局部防水的做法；

（3）分管时，转角半径、加固措施、操作空间应满足要求；

（4）一体化管廊的布置应尽量保证大直径管道和主干管道的顺畅；

（5）热管较为特殊时，不适当的弯角会使热管不适用或产生较大的推力；

（6）节点处理可通过扩大综合管廊舱室面积或平面尺寸来实现；

（7）应同时考虑防火、通风和照明等要求。

2. 断面布局标准化设计

1）相关规范要求

综合管廊标准断面设计主要参考《城市综合管廊工程技术规范》GB 50838—2015 相关规定，该规范对内部净高、检修通道净宽、管道安装净距等均提出明确要求[4]，但在实际工程应用中，规范部分指标要求偏低，给管廊后期运营维护造成一定困难。另外，针对管线的排布还需满足《电力工程电缆设计标准》GB 50217—2018、《光缆进线室设计规定》YD/T 5151—2007 等规范的相关要求。

2）管线权属单位要求

综合管廊的最终使用者是给水管道、电力电缆、弱电（光）缆、天然气管道等管线隶属单位，断面标准化设计应充分满足使用者后期运营和维护的需求，且充分征集管线权属单位意见与要求。

3）模数设定

模数，即选择的尺寸单位，是尺度协调中的增值单位[5]。为了规范管廊建设的设计标准，应利用模数协调标准，以满足综合管廊设计、制造和施工相互配合的要求，同时有利于管廊部件的定位和安装。

基础模数的数值应为 100mm（1M=100mm），综合管廊的模数化尺寸应为基础模数的倍数。管廊舱室的净宽度、洞口高度等应采用水平基础模数和水平扩大模数数列，且水平扩大模数数列宜采用 2nM、3nM（n 取自然数）；管廊舱室的净高度、夹层层高和洞口高度应采用竖向模数和竖向扩大模数数列。管廊的构件截面尺寸、构造节点、界面尺寸等宜采用分模数数列，且分模数数列应采用 M/10、M/5、M/2。管廊的标准节段长度模数建议使用扩大模数 5M。

4）舱室组合形式

作为集多种管线敷设于一体的装配式管廊，长期处于封闭的地下空间，因此，《城市综合管廊工程技术规范》GB 50838—2015对天然气管道单独成舱有强制性规定；污水管道会产生一定程度的有害气体，虽然规范中没有规定必须单独成舱，但需要安装透气系统和污水检测井，对环境监测系统的要求也相对较高。同时，为了避免污水管道可能发生漏水或与其他管道产生交叉污染等问题，规定污水管道应单独布置。给水管道为压力式管道，布置更为灵活。以上三类管线构成综合管廊的综合舱。管廊上层空间可以设置10kV电力电缆和弱电（光）缆，根据供电部门的要求，对于110kV以上的高压供电电缆，应单独成舱。

管线组合模式可分为四种类型，对应四种管廊舱室，分别是综合舱、高压电力舱、天然气舱和污水舱。从这四种类型的管廊舱室中加以选择和组合，可以形成七种常用的舱室组合，见表3-1。

常用的舱室组合 表3-1

序号	组合形式	综合舱	高压电力舱	天然气舱	污水舱
1	单舱	√			
2	双舱Ⅰ	√	√		
3	双舱Ⅱ	√		√	
4	双舱Ⅲ	√			√
5	三舱Ⅰ	√	√	√	
6	三舱Ⅱ	√		√	√
7	四舱	√	√	√	√

装配式管廊断面标准化设计必须遵循舱室组合形式，根据舱室组合的需要，设计标准断面形式，尽可能通过更少的标准断面组合出更多样的断面形式，以减少预制模板的数量和成本。

5）单舱综合管廊断面标准化设计

单舱综合管廊断面的标准化设计，不仅要考虑单舱的使用功能，还要考虑与其他标准舱室的组合。根据使用功能的不同，单舱断面可分为两类，一类是截面尺寸较大的单舱断面，不仅适用于综合舱，也适用于需要设置两排110kV及以上电缆支架的情况；另一类是截面尺寸较小的单舱断面，优先用于单独成舱的天然气管道、污水管道或者需要设置单排110kV及以上电缆支架，不同用途的较小尺寸单舱断面可以放在一起考虑。因此，可以将单舱断面分为A型标准断面和B型标准断面，如图3-3所示。

（1）A型断面的标准化设计

A型断面主要用于容纳给水管道、10kV电缆和弱电（光）缆的综合舱管廊。截面的净空宽度主要取决于管廊内支架的长度和检修通道的净宽度。根据供电部门的具体要求，电缆支架的托臂长度宜为800mm，结合管廊支架的相应设计要求，另一侧的弱电（光）

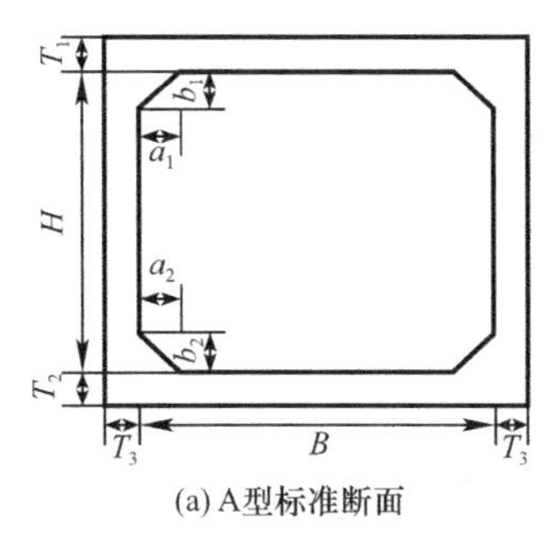

(a) A型标准断面

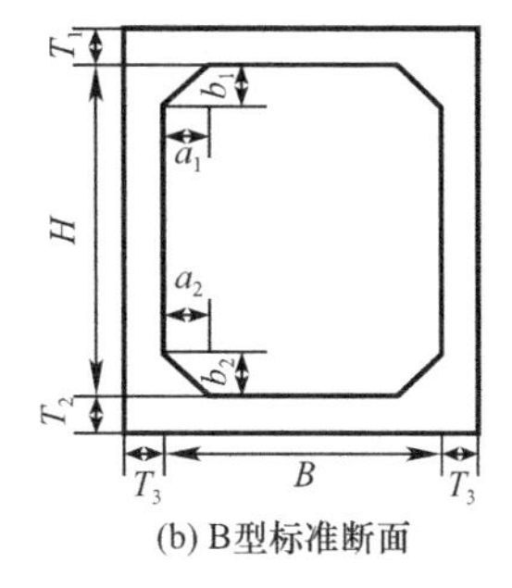

(b) B型标准断面

图 3-3　单舱综合管廊断面示意图

缆支架托臂长度也宜为 800mm。安装给水管道时，考虑到水管的支墩会占用检修通道的一部分空间，在确保给水管道之间的净距符合规范要求的同时，需要为检修通道留出一定的空间。因此，对于布置两排检修支架的 A 型断面，其通道间净宽取 1900mm，则该断面净宽 3500mm。A 型断面的净空高度主要由支架之间的间距以及顶板和底板之间的距离决定。

根据供电部门的具体要求，10kV 支架上层与下层间距应不小于 300mm，每层支架布置四根电缆。据统计，最多需要配置 4 排支架以满足最大需求。然而，考虑到电力需求的逐年增长和用电用户数量的增加，通常采取预留 2～4 排的方式为远期电缆使用提供支持。因此，按 8 排支架考虑，支架与顶板和底板的距离各为 400mm，每层支架间距为 300mm，则该断面净高为 3200mm，如图 3-4 所示。

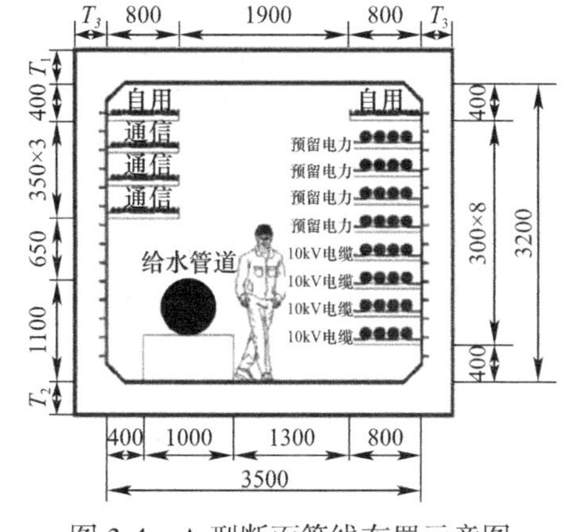

图 3-4　A 型断面管线布置示意图

（单位：mm）

节段吊装质量按 40t 以内控制，A 型断面壁厚按 4M 估算，则节段长度可取 2.5m，即 5 × 5M。

（2）B 型断面的标准化设计

B 型断面主要适用于高压电缆、天然气管道和污水管道等单独成舱的管廊。在这三种类型的舱室中，管径最小的为天然气管道，其舱室的净宽要求也是最小的；单排支架的高压电缆舱室的净宽设置主要由支架宽度与检修通道净宽决定，因此，需满足支架托臂的长为 800mm，检修通道净宽为 900mm。污水管道直径较大，需要在一定的距离内设置通向地面的检查井，对操作空间的要求较高，B 型断面必须满足污水室的净空宽度要求，在兼顾不同直径排污管道安装要求的同时，确保人员检修通道有一定的自由操作空间，因此，需要将 B 型断面净空宽度设计为 2500mm，净空高度与 A 型断面保持一致，如图 3-5 所示。

6）双舱综合管廊断面标准化设计

考虑舱室组合形式，通常情况下双舱管廊断面由一个小舱和一个综合舱组合而成。因此可以考虑在单舱管廊断面的基础上进行整合和优化，即将 A 型断面和 B 型断面组合为双舱管廊断面，并将其定义为 C 型标准断面，如图 3-6 所示。

节段吊装质量按 40t 以内控制，C 型断面壁厚按 4M 估算，则节段长度可取为 1.5m，即 3 × 5M，如图 3-7 所示。

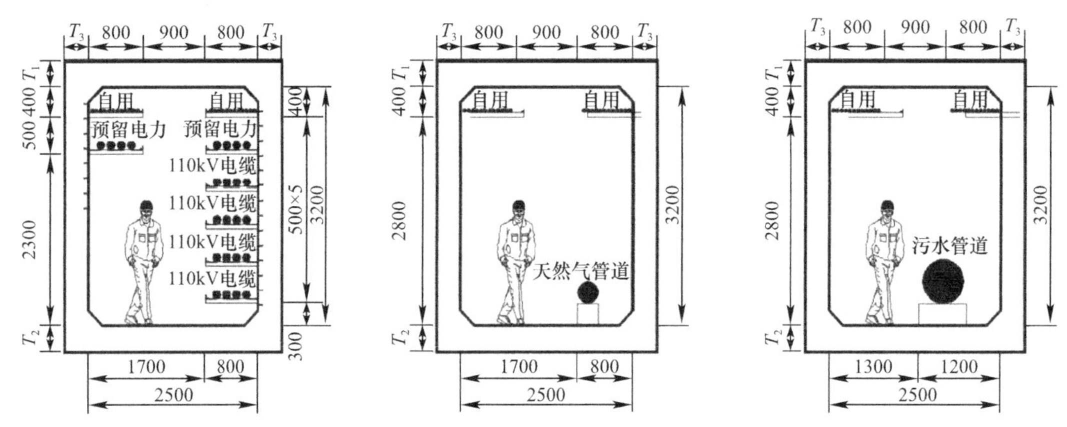

图 3-5　B 型断面管线布置示意图（单位：mm）

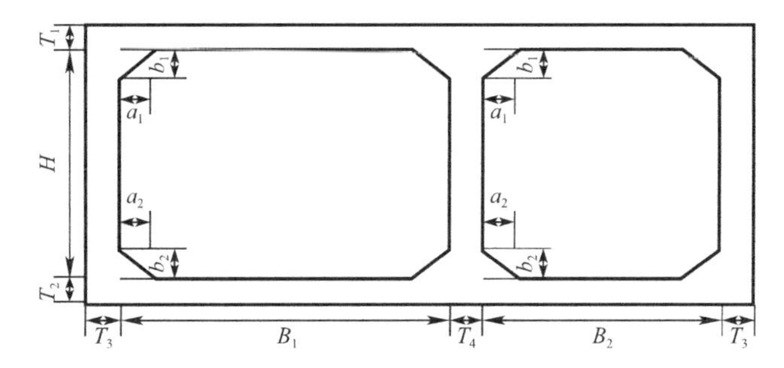

图 3-6　双舱综合管廊 C 型标准断面示意图

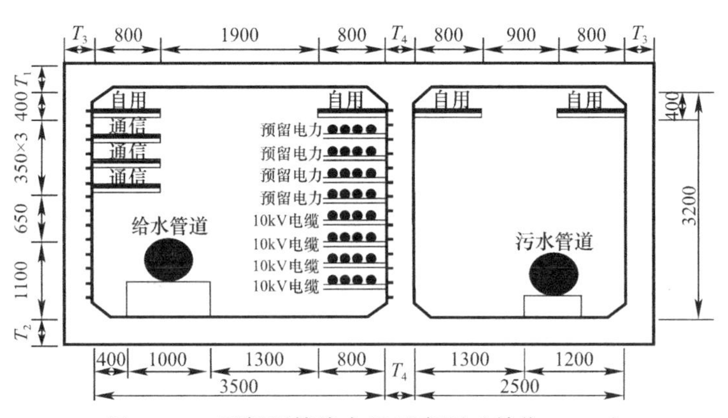

图 3-7　C 型断面管线布置示意图（单位：mm）

7）组合设计

将单舱综合管廊 A 型和 B 型标准断面、双舱综合管廊 C 型标准断面进行组合，可为表 3-1 中 7 类常用的舱室组合形式提供 18 种以上的装配式综合管廊拼装样式。“少规格、多组合”的断面标准化设计为装配式综合管廊的应用和推广奠定了基础，有利于实现装配式综合管廊节段生产批量化、模板数量精简化，极大地节约了生产成本。

3. 防水体系设计

按照设计标准，地下综合管廊结构的设计使用年限为 100 年，防水等级应满足二级要求；管廊中若有弱电缆、高压电缆，则防水等级必须达到一级要求。防水工程是地下工程项目中至关重要的一个环节，特别是对于装配式综合管廊这种新型的地下工程而言，迫切需要基于绿色理念对防水技术进行创新。

1）防水方案设计

（1）防水方案设计应遵循的原则为：“防、排、截、堵”相结合，因地制宜，综合考量，统筹治理。

（2）重点注意拼装缝、变形缝等接缝处的防水，以涂卷结合的复合防水法为主，再辅以防水层加强防水，组成合理有效的防水系统，确保廊体总体防水质量，避免出现窜水现象。

（3）建立叠合装配式管廊结构自防水体系。以结构自防水为基础，提高钢筋混凝土结构的抗裂性和抗渗性，改善钢筋混凝土结构的工作环境，增强其耐久性。主体结构的抗渗等级为 P8，混凝土强度等级不低于 C35，水泥应采用硅酸盐水泥或普通硅酸盐水泥；为防止水泥与骨料之间的碱性反应，骨料不得使用碱性骨料，各类物料的碱总含量不大于 $30kg/m^3$。

（4）迎水面钢筋保护层厚度≥50mm 时需要增设防裂钢筋网片。

（5）防水标准：总湿渍面积不应超过总防水面积的 2/1000；任意 $100m^2$ 防水面积上的湿渍≤3 个，平均渗水量≤0.05/L/（m^2·d），单个湿点最大面积≤$0.2m^2$，裂纹宽度≤0.2mm，裂纹长度≤50mm，不得穿透。

2）主体结构防水设计

管廊主体结构采用喷涂厚度≥2mm 的高弹性橡胶沥青防水涂料；在管廊侧壁上附加 40mm 厚的聚苯乙烯泡沫板作为保护层；顶板上层以 50mm 厚的细石混凝土保护层覆盖；浇筑管廊底板前，在垫层上方预铺自粘性 SBS 改性沥青防水卷材，如图 3-8 所示。高分子液体橡胶具有蠕变特性，不会因长期处于高压力作用下而加速老化，同时，可以避免防水层因基层变形而自身“零延伸”出现开裂。

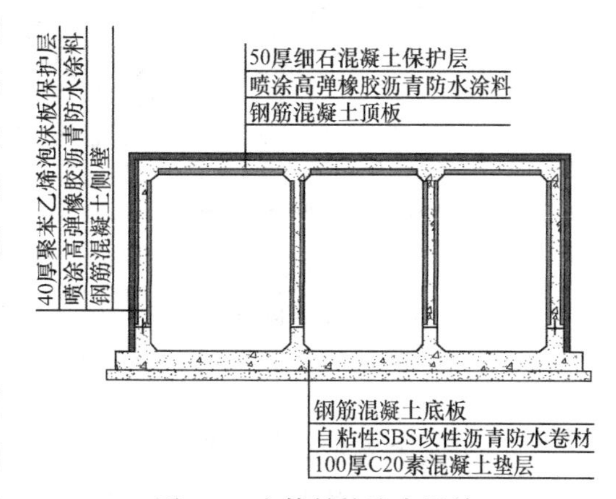

图 3-8 主体结构防水设计

3）变形缝、拼装缝防水设计

（1）在变形缝处，沿着管廊的底板、顶板、侧壁设置环形的中埋式橡胶止水带，用专门的钢筋夹固定，避免止水带下面存有气泡，形成渗水通道，水平安装时需设置盆形止水带，并绑扎在固定的钢筋框上；在底板、翻导墙上设置高度为300mm止水钢板，止水钢板沿廊体走向满布，如图3-9所示。变形缝迎水面处用50mm×50mm的抗微生物双组分聚硫密封膏填充预留嵌缝槽，如图3-10所示。嵌缝槽的成槽方式为：浇筑混凝土时，在设计位置预埋表面涂抹脱模剂且呈退拔状的硬木条或金属；在混凝土初凝时，剔除预埋条成槽。此外，在嵌缝槽成槽时，为了防止填充物因发胀而无法剔除，禁止使用一般木条。

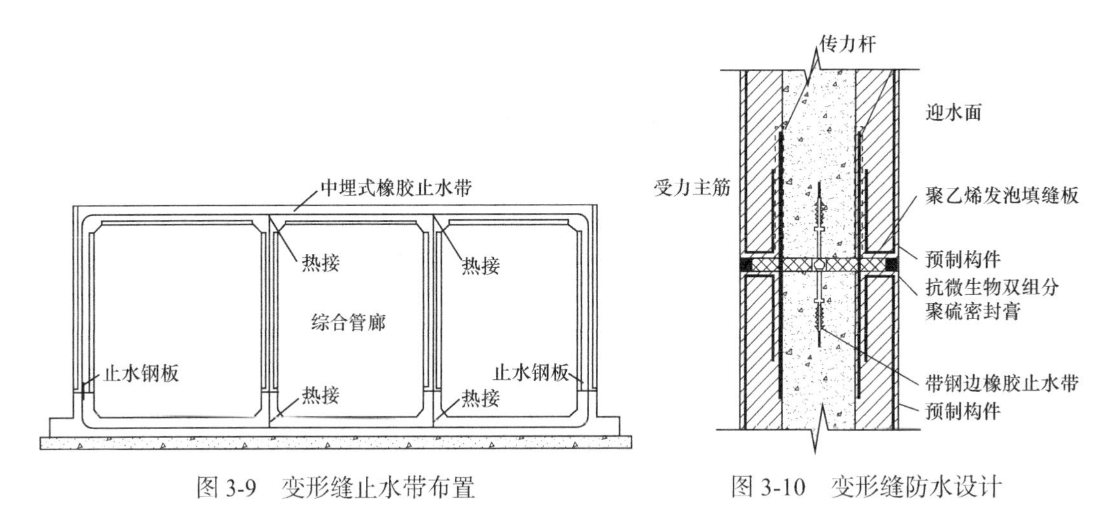

图3-9　变形缝止水带布置

图3-10　变形缝防水设计

（2）变形缝处廊体外侧防水材料选择高分子自粘胶膜防水卷材（覆膜型），厚1.2mm。在压力作用下，未初凝水泥浆通过卷材表面的蠕变渗入混凝土表面，这两种防粘层在巨大的分子间作用力影响下，形成有效的穿透性粘结而合为一体；当卷材局部遭遇破坏时，该部分基本上被混凝土结构堵塞，二者互为藩篱，形成完善的防水体系，防水层的可靠性得到显著提升，从而消除窜水层以达到防水效果，如图3-11所示。

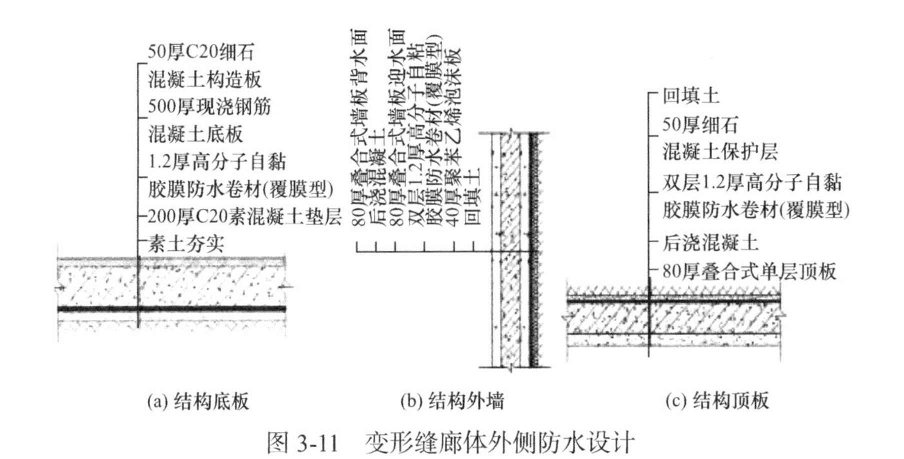

(a) 结构底板　(b) 结构外墙　(c) 结构顶板

图3-11　变形缝廊体外侧防水设计

（3）清除拼装缝处的垃圾并加强防水处理，也就是增加一道高弹橡胶沥青防水涂料。高弹橡胶沥青防水涂料厚度不小于2mm，单边宽度不小于150mm。其防水处理方式为：

翻浆层采用双组分聚硫密封膏防水处理，喷涂采用高弹橡胶沥青防水涂料，外贴自粘性 SBS 改性沥青防水卷材覆盖拼装缝。

4. 附属设施设计

1）通风口设计。一般采取自然通风与机械通风相结合的方式，以确保沟内温度在正常范围内，风量稳定；同时将排风口和进风口分别设置在防火分区两端，在每个风口部位设置常开的电动防烟防火调节阀。

2）投料口设计。一般情况下，在每个防火分区设置不少于 1 个间距为 200m 的投料口，以使材料在管廊内进出更加便利；安装孔宽度在大于 0.6m 的前提下，应比管廊内最大管道外径大 0.1m，以确保 6m 长的管线能够正常进入管沟。投料口长度不小于 7m，并可以根据管的直径大小来确定宽度。

3）防火区域设计。在管廊内应设置防火区域，间隔为 200m。可利用阻火包、防火墙、甲级防火门等设计方法对空间进行分割，同时必须安装灭火器、消防箱和其他消防设备，以供相关人员使用。

4）检查孔设计。检查孔应相隔一定距离进行设置，以便于管理和维修管道。进料通道的出入口应按照蒸汽管道通道直径 800mm 的标准定义，视距为 100m 以内。可以设计 400m 以下的事故视线距离，用于热水管道的通过[6]。

5）集水坑设计。沟内检修时，泄水通过集水坑进行输送和收集，利用自流或压力向室外排放。各防火分区低点处设置集水坑，通常深度大于 1.6m，长、宽分别不小于 1.2m，有效容积设计大于 $2m^3$。

3.3 基于 BIM 的决策与设计阶段绿色管理

3.3.1 基于 BIM 的决策阶段绿色管理

在装配式地下综合管廊项目建设的决策阶段，BIM 技术的应用价值主要体现在辅助前期规划决策这一方面。在这个阶段应用 BIM 技术，通过将收集的城市整体布局、市政项目总体情况、地下空间条件、项目周边环境等各类数据导入 BIM 模型中，可以预先发现问题，优化决策方案，从而辅助决策设计者做出更合理的决定，提升项目的整体规划质量。

应用 BIM 技术可初步建立地下综合管廊周边设施整体模型，包括：地下空间土体、管廊项目周边建筑物、临近已建市政设施、拟设置的管廊关键节点部位等。通过初步构建地下综合管廊周边设施整体模型，借助 BIM 技术的可视化特点，对模型各处进行定点查看，可以观察周边建筑、市政设施与地下综合管廊的相关位置情况，决策设计者可以借此进行项目整体效果预览，并预先发现初步决策及规划工作中尚未考虑到的和可能忽视的前期规划问题。

3.3.2 基于 BIM 的设计阶段绿色管理

在装配式地下综合管廊项目建设的设计阶段，BIM 技术的应用价值主要体现在以下两个方面。

1. 各专业设计协同性优化

根据专业不同，一般可将装配式管廊分为三个专业设计类别：建筑、结构与 MEP（机电设备）专业。对于传统的地下综合管廊设计流程，首先，建筑、结构、MEP 三个专业均需进行初步方案设计选型，汇总之后得到初步的管廊整体方案设计；其次，进行初步设计，主要内容为建筑专业的管廊平、立、剖面设计，结构专业设计和 MEP 内各专业设计；最后，在完成初步设计各专业汇总的基础上，进行各专业的施工图设计。流程如图 3-12 所示。

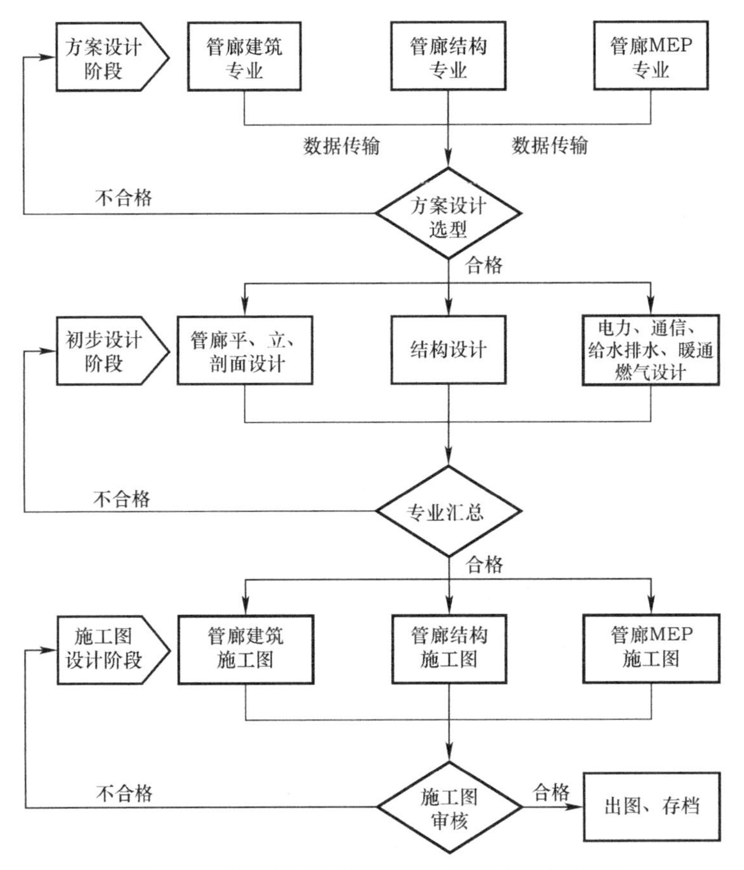

图 3-12 传统模式下的地下综合管廊设计流程

然而，传统设计模式的各专业横向之间联系不够紧密，设计流程线性单一，并且各专业汇总由设计管理者负责，而管理者又常常依据个人经验对汇总成果进行分析处理，难以保证各专业信息及数据的有效共享，各专业的协同配合很难进行，容易造成多次方案修改及返工问题，进而影响管廊整体设计进度[7]。因此，在地下综合管廊建设工作中，利用

BIM 技术协同优化各专业设计十分有必要。

借助 BIM 技术，一是在横向上可以建立专业间的数据共享通道，各个专业均可以通过共享平台查看其他专业的设计进度、参照数据等，实现专业间的链接协同；二是在纵向上可以建立 BIM 中心文件数据共享平台，各个专业秉持实时共享的基本原则，将各专业的信息数据、设计进度及时同步上传，更新到共享平台，设计管理部门的管理人员也可以随时调取地下综合管廊 BIM 中心文件审核设计成果。随着各专业管廊的设计进度不断推进，地下综合管廊的整体 BIM 模型也逐渐成型，最后进行 BIM 出图，至此完成基于 BIM 技术的地下综合管廊设计任务。由上述可见，各专业通过 BIM 中心文件数据共享平台，可实现纵向和横向上的数据信息的实时共享传递，优化了各专业间的协同工作，大大减小了管廊的总体设计难度，并极大地提升了设计效率。基于 BIM 的地下综合管廊设计流程如图 3-13 所示。

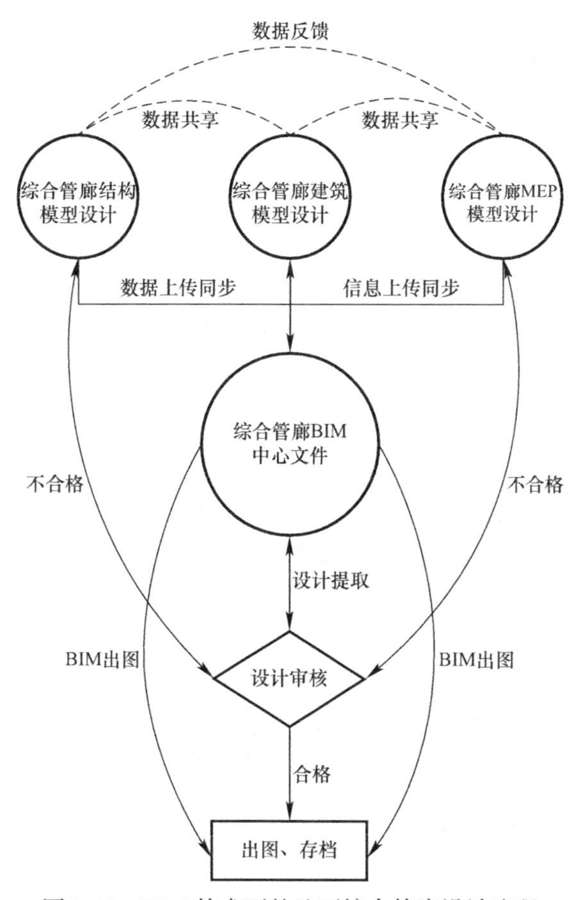

图 3-13　BIM 技术下的地下综合管廊设计流程

2. 碰撞检测及仿真漫游

1）管廊碰撞检测

由于地下综合管廊入廊管线种类较多，需要在平面及三维空间中综合考虑各类管线的走向、交叉等布置方案，同时需协调好管廊内的通风、燃气、给水排水、电力、监控、报警等各个系统，因此，对各专业模型进行碰撞检测十分必要，可以很好地发现各专业间可能出现的设计冲突，并帮助设计人员及时改正设计缺漏。

借助 BIM 软件（如 Navisworks 软件），可检测出地下综合管廊内不同类管线之间、管线与廊体之间、管线与其他设施之间的冲突，发现实体对象在空间上存在的重叠或交合情况（硬碰撞）、彼此距离太小不符合现有技术规范要求，或是无法满足人员通过、检查维护等功能问题（软碰撞）。同时，借助 BIM 软件，可对管廊内各管线及设施进行线路、布局优化，或是在不影响功能的前提下更改原有设计，消除存在的“硬碰撞”和“软碰撞”，从根源上避免因设计问题而影响到后续管廊施工，减少施工返工及浪费，提高管廊整体质量。

2）虚拟仿真漫游

借助 BIM 软件，可对地下综合管廊的三维空间及附带场景进行模拟仿真及漫游。通过虚拟漫游、动画呈现和 VR 现实模拟等方法，为相关设计及管理人员提供如身在现场般的真实感受，帮助他们预览和分析实际的布局效果；有利于挖掘二维图纸中容易疏忽的细节问题，为方案辅助设计及方案评析提供依据，有利于管廊项目的整体规划设计、审核审批等工作。

3.4 本章小结

本章主要介绍了装配式管廊决策与设计阶段绿色管理内容。首先是决策阶段绿色管理，装配式管廊建设方案决策是项目建设的整个阶段中的首要环节，决定着整个项目的动态走向以及方案策划的精细程度；其次是设计阶段绿色管理，通过介绍管廊项目设计阶段绿色管理原则、流程与措施，对设计阶段的绿色管理进行了详细的阐述；最后阐述了 BIM 技术在决策与设计阶段绿色管理的应用。

参考文献

[1] 杨中杰，朱羽凌. 绿色工程项目管理发展环境分析与对策［J］. 科技进步与对策，2017，34（9）：58-63.

[2] 谭文宇. 绿色建筑项目全生命周期管理和评价体系研究［D］. 广州：华南理工大学，2019.

[3] 宋高举，张英沛，孔文，等. 工业建筑通风绿色设计主要影响因素分析［J］. 暖通空调，2018，48（11）：1-6.

[4] 住房和城乡建设部. 城市综合管廊工程技术规范：GB 50838—2015［S］. 北京：中国标准出版社，2015.

[5] 住房和城乡建设部. 建筑模数协调标准：GB/T 50002—2013 [S]. 北京：中国建筑工业出版社，2013.

[6] 俞廷标，张学林. 装配式混凝土预制件安装施工危险源如何辨识 [J]. 建筑工人，2016 (10)：92-95.

[7] 陈云钢，丁吉祥. 基于BIM技术的综合管廊设计施工一体化协同机制研究 [J]. 土木建筑工程信息技术，2018，10 (4)：56-63.

装配式地下综合管廊生产制造阶段绿色管理

地下综合管廊被称为城市的“输血动脉”，然而，装配式管廊构件的生产制造过程存在诸多问题，如预制构件质量不合格、生产效率低下等。如何兼顾构件制造进度和质量等，是目前装配式管廊项目建设中亟需解决的难题。对于装配式管廊生产制造全过程，必须采用科学、合理的管理措施来确保其构件质量和生产效率，从而很好地实现装配式管廊生产制造阶段的绿色管理。

4.1 预制构件准备

预制构件是根据设计规范在工厂或现场预制的钢、木或混凝土构件。装配式管廊项目施工前，施工单位和项目部门负责人、制造商应根据管廊构件需求和运输情况，包括构件需求量、构件重量以及货运车辆数量、吊装进度、装车时间、运输时间、卸货时间等，制订详细的实施方案。装配式管廊的预制构件除了需要满足承载能力、刚度和整体稳定性等方面要求外，还必须满足预制构件的质量、生产工艺、模具拆装、周转次数等要求，以及预制构件预留孔洞、插筋、预埋件安装定位要求。

4.1.1 设置预制场地

前期准备工作主要是在预制厂内完成，预制构件生产现场如图 4-1 所示。

1）根据工程的实际情况选择构件预制场地。场地内实行封闭管理，仅设置进出口，在场地规划区内预留施工通道，并按照相关规定在进出口处张贴安全标识。

2）预制现场布置过程中的各种安全设施和环境保护措施必须到位，确保安全管理工作符合系统操作规范的要求，确保安全管理工作整体布局符合安全文明生产的要求，并严格按照政府部门的有关规定进行污水排放和废物处理。

3）预制场地布置应进行严格的清理和平整。首先，铺设20cm厚的水泥稳定碎石基层，平整并压实；其次，在水泥稳定碎石基层上浇筑15cm厚的C20混凝土；最后，在钢筋加工安装区、预制生产区以及管廊自然养护摆放区浇筑10cm厚的C20混凝土。在门式起重机轨道架设位置开挖约60cm深的基槽，浇筑混凝土，并铺设轨道及沟槽。除了以上要求，还有三点需要注意：

图4-1 预制构件生产现场

（1）现场清理、平整范围应包括预制现场、连接施工作业带与现有运输道路、预制现场内部通道。

（2）预制场地必须清除杂草和石块，否则会阻碍施工机具的通行和施工作业。低洼地区要进行排水处理，必要时换填，以确保地面足够的平整度和承载能力。

（3）预制场地清洁和平整时，应少占用土地，不妨碍通行，不破坏建筑物和设施，并防止对环境造成不利影响。

4）预制场地内需要设置钢筋加工安装区、综合管廊预制生产蒸养区、预制构件自然养护棚以及储物区等，办公和居住区根据实际情况进行布置，在预制工厂的出入口设置警卫室。

4.1.2 选定预制材料

装配式管廊项目应制订严格的绿色施工材料选用策略。首先，尽可能地减少资源消耗。在实际生产过程中，装配式管廊预制材料消耗较大，使用率不高，项目存在能源消耗较大的问题。因此，在装配式管廊预制材料选用过程中，尽可能选用低能耗预制构件材料，保证在全寿命周期中尽可能减少资源消耗，同时尽可能选择项目所在地容易获取的预制材料，避免因长途运输导致的污染与能源消耗问题。其次，尽可能减少环境污染。在设计与后续建设过程中，尽可能选用不影响人体安全的材料，避免对环境产生较大的负荷。优先考虑在管廊项目预制构件设计中使用可循环利用的施工材料；对于无法再次回收利用的材料，做好分解处理工作，避免管廊拆毁之后产生大量的建筑垃圾[1]。

预制构件所用原材料规格及质量要求如下：

1）钢筋：采用抗拉强度不低于HRB400的三级螺纹钢筋或热轧、冷轧带肋钢筋，钢筋标准强度满足《混凝土结构设计规范》GB 50010—2010第4.2.2条的要求；带肋钢筋符合《钢筋混凝土用钢 第2部分：热轧带肋钢筋》GB/T 1499.2—2018的规定；光圆钢筋符合《钢筋混凝土用钢 第1部分：热轧光圆钢筋》GB/T 1499.1—2017的规定；钢板采用Q235-B钢。

2）焊条：HPB300级钢焊接采用E43型焊条；HRB400级钢焊接采用E55型焊条。

3）水泥：优先采用硅酸盐水泥、普通硅酸盐水泥，也可采用抗硫酸盐硅酸盐水泥、快硬性水泥。水泥性能应分别符合《通用硅酸盐水泥》GB 175—2007、《抗硫酸盐硅酸盐水泥》GB/T 748—2005 的规定。

4）骨料：细骨料宜采用中粗砂，其细度模数为 2.3～3.3，含泥量不大于 2%；粗骨料最大粒径不得大于钢筋混凝土箱涵壁厚的 1/3，并不得大于环向钢筋净间距的 3/4。其中粗骨料性能满足含泥量≤1%，石粉含量≤5%，针片状颗粒含量≤10%，孔隙率≤45%。

5）外加剂和掺和料：混凝土掺加外加剂和掺和料时不得对箱涵造成负面影响，应符合《混凝土外加剂》GB 8076—2008 的规定。当掺加 FDN-2 高效减水剂和聚羧酸系减水剂时，掺加量应通过试验结果确定。其中，FDN-2 高效减水剂掺加量控制在 0.75%～1%，聚羧酸系减水剂应根据母剂的稀释量进行确定。

6）水：混凝土拌合用水应符合《混凝土用水标准》JGJ 63—2006 的相关规定。

4.1.3 试生产预制件

试生产是指在正式生产之前对预制构件进行检验以及对生产流程进行调整，通过实际生产过程来找出生产中潜在的问题。

1. 预制构件检验

预制构件检验由外观检查和结构性能检验两部分构成，其检验结果是判断预制构件设计是否合格的重要依据。

1）外观检查项目

主要包括预制构件尺寸、混凝土模板质量、钢筋型号和间距、预埋构件类型和位置、预留孔洞位置和尺寸。

（1）预制构件尺寸。一般采用钢尺等测定工具对预制构件尺寸进行检查，尺寸偏差不得超过其相关检验标准的允许误差。

（2）混凝土模板质量。检查混凝土模板表面是否光滑，不能有划痕、生锈、氧化脱落等现象，以及是否便于清理和涂刷脱模剂。

（3）钢筋型号和间距。主要检查钢筋的牌号、规格、数量、位置和间距等是否符合要求。

（4）预埋构件类型和位置。主要检查预埋构件的规格及外露长度、数量和位置等是否符合要求。

（5）预留孔洞位置和尺寸。主要检查预留孔洞的规格、数量、位置，以及灌浆孔、排气孔、锚固区局部加强构造等是否符合要求。

2）结构性能检验

通过实荷检验方式来确定预制构件的承载能力、挠度、抗裂等性能。检验预制构件的性能时，需要符合以下规定：

（1）独立预制构件的实荷检验，应按照《混凝土结构工程施工质量验收规范》

GB 50204—2015执行。

（2）实荷检验的荷载布置、检验和测量方法，应按照《混凝土结构试验方法标准》GB/T 50152—2012执行。

（3）在进行预制构件的实荷检验时，应确保操作安全和人员安全。

预制构件结构性能检测的实际计算过程中，应特别注意以下两个指标的计算：

一是短期荷载检验值，即使用荷载与结构自重两者之和。在实际计算时，应扣除预制构件的自重，并且实际施加的荷载应小于检验值。预制构件承载力的检验应按照《混凝土结构设计规范》GB 50010—2010执行。

二是短期实测挠度值。在预制构件结构性能测试中，构件挠度的测试是一个十分重要的检测项目，测试构件的挠度不仅可判断该项指标是否合格，还能根据挠度增长的快慢来判断预制构件是否存在开裂现象等。

在预制构件实际检测过程中，应避免将短期荷载作用下跨中挠度的实测值视为挠度检验值，因为在试验开始前，水平放置的构件已经因为自重产生了挠度。挠度实测值应为试验荷载作用下的构件跨中挠度实测值与结构自重引起的挠度值之和。

同时满足上述外观检查和结构性能检验要求的预制构件即可被视为合格。若预制构件不合格，则应在预制构件重新生产前分析问题原因并加以解决，直至合格。

2. 生产流程调整

预制构件的生产流程涵盖混凝土工程、钢筋工程和模具工程三个方面，尤其需注重人、材、机之间的协调配合。混凝土工程的生产流程包括混凝土搅拌、浇筑和维护；钢筋工程包括钢筋下料、钢筋绑扎和预埋件安装；模具工程包括模具设计、组装和拆卸。在整个生产流程中，质检员、生产管理人员和施工人员等工作人员的衔接配合至关重要，从原料进入预制组件养护成型的整个过程都要求协调配合，以形成整套合理可行的生产流程。

4.2　预制构件生产

4.2.1　主要生产方式

装配式管廊预制构件的生产主要以工业化生产方式进行，是将半机械化、半手工建造施工方式转变为工厂化生产方式的变革。工业化生产可以提高劳动生产率，提升建筑的整体质量，同时降低成本和能源消耗。当前工厂内多采用环形生产线法和台座法等生产方法。

1. 环形生产线法

环形生产线法适宜生产内墙板、外墙板、叠合板等板类构件。

1）环形生产线布置

环形生产线采用滚轮输送线支撑输送底模，包括清理模台、数控划线、模具安装、钢筋预埋件放置、布料振捣、刮平抹面、养护窑蒸养、脱模和模具回收等流程。

2）主要设备

主要设备包括布料机及其控制系统、混凝土上储料斗、振动台、滚轮输送线及其控制系统、养护窑及其控制系统、模台清理装置、脱模剂喷涂装置、拉毛机、抹光机以及数控划线机等。

3）生产流程

（1）清理模台。清除模台表面浮灰、砂浆、油污、木屑等杂物，并及时修理有缺陷的模台。

（2）数控划线。通过数控程序输入预制件的尺寸，通过程控在平台上进行划线以及定位操作。

（3）模具安装。边模按划线安装并用磁块固定，质检员检验，尺寸合格，然后进入下一道工序。

（4）喷脱模剂。将脱模剂均匀地喷洒在模板上，若发现漏涂，需人工补涂，模板经质检人员检验合格后方可进入下一道工序。

（5）钢筋摆放以及预埋件安装。钢筋网片按照图纸进行加工，质检人员负责对钢筋的加工和绑扎质量进行检测，合格后方可入模。采用垫块保证钢筋保护层的厚度，并采取加固措施控制钢筋的位置。预埋件按设计图纸检查其尺寸及种类，准确安装并采取加固措施，确保预埋件安装合格。

（6）浇筑和振捣。在浇筑混凝土之前，必须对隐蔽工程进行验收，合格后方可布料。完成混凝土的布料工作后，根据现场的坍落度设定合理的虚铺厚度。在振动台上进行振捣，直到气泡消失后方可停止。

（7）刮平抹面。在振捣完成后，用刮平杆进行刮平处理，以便后续进行抹面工作。抹面是刮平后先用压光板压光，然后采用叶片式混凝土抹光机进行机械抹光，并配合人工抹光。抹光之后，直接用拉毛机在混凝土上进行拉毛。

（8）养护窑养护。养护过程分为四个阶段：静置期、升温期、恒温期和冷却期。通过调节养护窑的温度和湿度，可以极大地缩短预制构件养护时间，使其更快地达到设计强度。

（9）脱模。模具的拆卸须按照“先装后拆，后装先拆”的原则有序进行。在拆卸过程中，要注意保护成品，避免刮碰边缘等薄弱部位；拆卸的模具要及时清理，并有秩序地回收。

（10）成品验收及缺陷处理。脱模后，由质检人员进行预制构件质量查验，对有轻微缺陷的构件进行修补，对有重大缺陷的构件予以报废，合格的构件需及时堆放。

2. 台座法

台座法适用于生产异形构件、梁柱和小批量构件，部分生产工艺与环形生产线法相同。台座法主要包括模台清理、布料、振捣、抹光、养护及脱模等生产工艺。

1）固定台座布置

在工厂指定范围内选择用于生产构件的固定台座位置。

2）主要设备

台座法主要涉及的设备有：布料机、固定大平模、附着式振动器、折叠式构件养护罩、抹光机、混凝土运输车和成品运输车。

3）生产流程

（1）清理模台。

（2）划线定位。技术生产人员依据预制件尺寸在大平模上划线，以此定位和标识预制件位置等。

（3）喷涂脱模剂。

（4）模具组装。

（5）放置钢筋，安装预埋构件。

（6）混凝土浇筑及振捣。

（7）刮平抹面。

（8）养护罩养护。

（9）脱模。

（10）成品验收和缺陷处理。

4.2.2　关键生产环节

装配式管廊预制构件生产基本流程如图 4-2 所示。

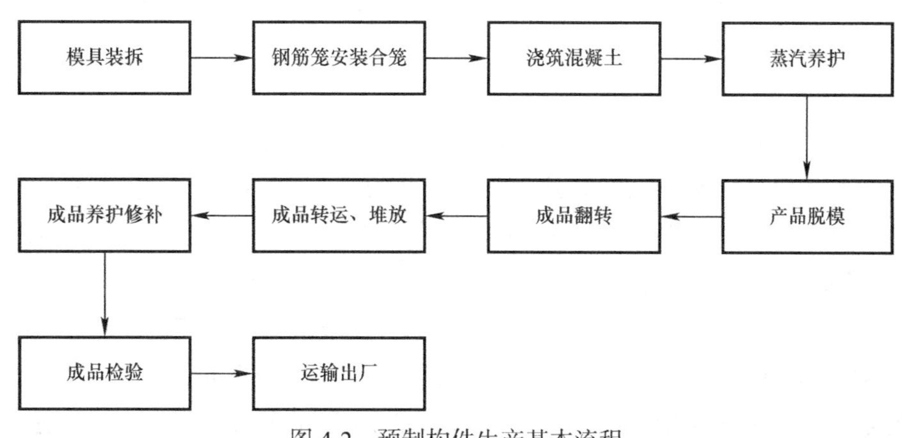

图 4-2　预制构件生产基本流程

1. 模具组装

在生产区门式起重机轨道一侧挖基槽，深度为 60cm；压实和加固地基后，浇筑厚度为 15cm 的 C25 混凝土地坪，测放基座外形边线，并布置间距为 1.5m 的模具基座。预制构件模具均采用钢模，按照管廊构件的外形尺寸及分段情况进行设计及制作加工，不同规格和外形的模具应单独定做。依据壁厚和外形特点，模具应预留抗张尺寸，并在加工过程中依据自身的外形采取不同的加固措施，钢模应具备足够的抵抗因温度而引起的变形和破坏的能力。模具底板钢板厚度≥5mm，侧板厚度≥6mm，加强棱间距≤5cm；模具组装的工艺流程为：底座组装→导轨梁安装→侧墙模板组装→内衬组装→顶板组装→前后外模块装→左右外模块装→检验使用[2]。如图 4-3 和图 4-4 所示。

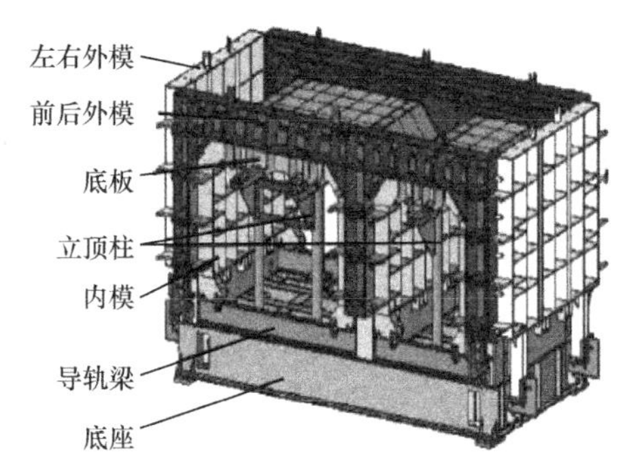

图 4-3　模具组装完成示意图

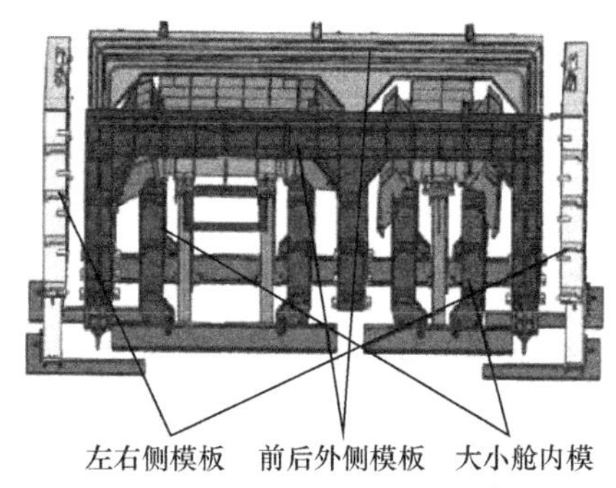

图 4-4　模具分离示意图

2. 钢筋工程

1）钢筋进场检验

（1）钢筋进场前严格按照要求检查其类型、级别、规格、数量是否满足材料的要求，查验其产品合格证、出厂检验报告和进场复验报告等质量证明文档是否齐全、真实、有效。抽检试件的质量必须符合有关规定。

（2）钢材在现场及使用前应全面检查其外观是否平直、有无破损，表面有无夹渣、裂纹、油污等。钢筋的直径应满足要求，以避免对钢筋的强度和锚固性能产生影响。同时，钢板、焊条等进场前也应进行类似检查。

2）钢筋存放

（1）将进场钢筋按品种、规格、级别分类挂牌存放于划定的钢筋存放区，由材料员和保管员验收合格后方可入库。钢筋要按照上盖下垫的要求进行存放，以防生锈。

（2）必须对钢筋质量等指标进行全面检查。

3）钢筋加工

（1）加工前，应根据设计规格、长度和数量等，结合不同加工工艺准确核算每种钢筋的下料长度。加工制作时，核对下料表是否准确无误，对每种钢筋要按下料表检查。经过两道检查后，再按照下料表将实样放出，并在批量生产前进行测试。加工好的钢筋要挂牌后堆放，以确保清洁和有序。

（2）采用机器进行钢筋调直操作，调直后的钢筋不得有局部弯曲、死弯、小波纹形。切割钢筋应基于类型、直径、长度及数量，采取长料与短料相结合的方式，先断长料，再断短料，尽量减少废料产生，达到节材减耗的效果。

（3）钢筋弯制时应首先放置实样，确定弯曲点，并根据每根钢筋的回弹强度确定其弯曲角度。钢筋弯曲后，弯曲的调整值必须考虑在内，弯起后的尺寸不大于下料的尺寸。弯起钢筋中间部分的弯曲直径不小于钢筋直径的 5 倍。钢筋下料长度需根据构件尺寸、保护层厚度和钢筋弯曲调整值等规定综合考量。钢筋加工的允许偏差不应超过规范给定的偏差值。

（4）对未满足设计长度要求的钢筋，应在弯曲前采用对接压力焊接法获得足够长度后再进行弯制。

预制现场钢筋的加工如图 4-5 和图 4-6 所示。

图 4-5　桁架筋加工

图 4-6　螺旋箍筋加工

4）钢筋焊接

（1）焊接质量是保证钢筋整体强度的重要环节，加工好的钢筋按施工图放置在钢筋焊接器具上进行焊接操作。焊接前需清理边角毛刺及端面铁锈、油污和氧化膜等。此外，钢筋需要对接的一侧必须切割平整，以保证良好的连接。钢筋对焊主要采用双面闪光对焊，设备的两侧需对齐，以确保两根钢筋在同一轴上，且两者的局部间隙不超过 3mm。

（2）对焊时施加的压力需均匀，根据钢筋直径的不同控制在 30～40MPa，使两根钢筋有效密接。不同直径的钢筋对焊时其偏差不得大于 7mm。对焊和点焊须严格按照规定进行，焊工必须持证上岗。

（3）焊接完成，待接头处冷却至黑色后方可松开夹具，平稳取出钢筋以防弯曲变形。钢筋焊接完成后，需及时检查接头外观，不合格的接头需切除后重新焊接。

（4）焊接操作人员应确保各类焊接机器的运作状况良好，及时掌握各类电焊机的主要性能参数，并选择最佳参数进行操作，以确保焊接质量。

5）钢筋笼与预埋件安装

钢筋笼安装如图 4-7 所示。

（1）钢筋在安置前需要重新根据设计图纸和配料表，对其规格、尺寸、形状、数量和定

图 4-7　钢筋笼安装

位再次进行核实和检查。

（2）制作安装前，根据设计资料在定位工装平台上布筋，依据具体部位确定架立筋的设置，确保制作安装后的钢筋符合要求。钢筋在制作安装过程中主要采用铁丝绑扎和点焊。绑扎选用20～22号铁丝，绑扎点次及绑扎方法应符合相关规范要求；点焊主要用于成片钢筋与架立筋的固定，焊点应牢固和均布，同时不应损伤受力筋。

（3）吊装孔安装在管廊左右两面中轴线上下各500mm处，于钢筋骨架上焊接ϕ125mm×10mm×220mm钢管各2个，并采用ϕ140mm×4mm钢板封堵，吊装前在ϕ125mm×10mm×180mm钢管内安装ϕ110mm×350mm铁销作为管廊吊耳，以满足管廊的吊装施工要求。

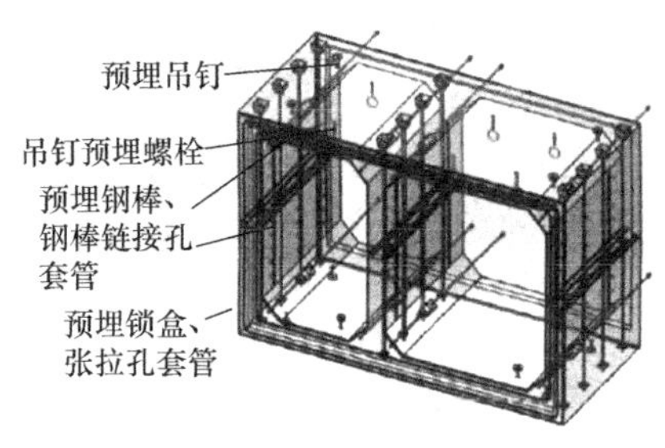

图4-8　预埋件安装示意图

（4）预埋构件务必备齐，以保证构件的正常生产。需购置的主要预埋构件包括预埋管廊钢棒、钢棒套筒、防雷接管廊板、预埋螺栓、预埋吊钉、预埋套管、预埋钢管、预埋锁盒、预埋螺杆等。预埋构件安装流程为：模具分离→模具清理→涂脱模剂→装槽道→装钢筋笼→预埋吊钉螺栓→合模。如图4-8所示。

（5）钢筋工程是一项隐蔽工程，需要对钢筋及预埋构件进行验收，验收合格后做好隐蔽工程的相关记录，才能进行混凝土浇筑。此外，在下道工序施工之前需经过监理工程师的同意。

6）钢筋骨架混凝土保护层

箱涵埋置于地下，其外表面的混凝土长时间处于浸水状态，为了实现管廊箱涵在长期运行中的可靠性和耐久性，主筋混凝土保护层的厚度需具有更高的要求。此外，采用混凝土垫块来控制混凝土的保护层，厚度要求与设计的保护层厚度要保持一致，垫块的尺寸为3cm×3cm，垫块采用强度等级大于C25的砂浆制作，加强养护，达到设计强度的85%后方可使用。混凝土浇筑前必须全面检查垫块是否有缺少或损坏的情况。在垂直结构中使用时，可在垫块中埋入20号绑线，用铁丝把垫块绑在钢筋上，底板底层和墙体钢筋垫层每平方米放置一块，按照梅花形布置，垫块的间距可根据现场具体情况适当加密。垫块需合理布置，用扎丝准确地将垫块绑扎在受力钢筋上，绑扎完成以后的扎丝头向内侧弯折，但不能折入混凝土保护层厚度范围内，确保绑扎牢固，避免在浇筑过程中发生位移和滑落。

3. 混凝土浇筑

1）混凝土配合比设计和试验

（1）混凝土配合比设计

通过混凝土施工配合比优选试验，满足混凝土设计强度、抗冻性、抗渗性、抑制砂骨料膨胀率等要求及施工和易性需求，同时满足施工水灰比和坍落度的要求；混凝土的配合比应满足特定的浇筑条件，用水量尽可能小，并经监理工程师审查批准。

（2）混凝土配合比试验

包括各种混凝土配合比试验和不同强度等级的混凝土性能试验。在进行配合比试验前14d，将各种配合比试验的配料及其拌合、制模和养护等试验计划上报给监理工程师。

（3）施工配合比控制

根据监理工程师批准的配料单控制混凝土配合比，并根据现场骨料的含水量情况对总用水量进行调整。混凝土坍落度依据结构部位的性质、配筋率、混凝土运输、混凝土浇筑方法以及气候条件等确定，并应满足《水工混凝土施工规范》SL 677—2014 的要求。

（4）混凝土取样试验

在浇筑混凝土的过程中，承包商需按照《水工混凝土试验规程》SL/T 352—2006 的有关要求和监理工程师的指示，分别在浇筑现场和出料口进行混凝土取样试验，并将相关资料提供给监理工程师，资料包括：材料选取及管廊质量证明书；试件的配料组成、拌合方式及试件外形尺寸；试件的生产和维护说明；试验结果及分析说明；不同龄期混凝土的重度、抗压强度、抗拉强度、极限拉伸值、弹性模量、泊松比、坍落度以及初凝与终凝时间等。

2）混凝土浇筑与振捣

预制构件混凝土浇筑现场如图4-9所示。

图4-9　混凝土浇筑现场

（1）模具和钢筋安装完毕后，应由技术员、质检员、监理工程师等检查验收，验收合格并确认后方可进行管廊的洞身浇筑。如洞身距离地面高度大于规范要求的倾落高度2m，应在舱口设置软串筒，以保证混凝土的倾落高度不超过2m。

（2）浇筑混凝土时需要按照一定的顺序、方向以及厚度分层进行。混凝土浇筑应按照水平分层，分层厚度应保持在30～40cm。

（3）采用插入式振动棒进行混凝土振捣时，其移动距离不能大于振动棒工作半径的1.5倍，同时应与侧模保留5～10cm的距离。振捣时需要插入到下层混凝土5～10cm处，每一处振捣结束后要及时将振动棒取出。在振捣过程中要避免接触模板、钢筋等，每一处振捣部位都必须保证振捣到位，直到该部位的混凝土完全压实，即混凝土的水平面不再下降，同时混凝土表面不产生气泡，呈现出平坦、泛浆的状态为止。浇筑过程中应安排好各项工作所需人员，实时检查钢筋、支架以及模板的变化，以便在遇到突发情况时能够及时处理。

（4）试块制作。在相同条件下养护两组试块，在标准条件下养护（28d）一组试块。芯模拆除的强度以及箱涵整体吊装出模的强度以同等条件下养护的试块为准，而箱涵混凝土质量的评定以标准条件下养护的试块为准。

4. 箱涵混凝土养护与模具拆除

1）箱涵混凝土养护

混凝土浇筑完成、初凝以后，应对箱涵进行高温蒸汽养护。高温蒸汽养护是为缩短养护时间常采用的一种方法，一般采用65℃左右的蒸养温度，较潮湿和温度较高的养护条件有利于混凝土快速达到所需要的强度。同时，采用定制的蒸养罩将整个箱涵罩住，对蒸养罩底部进行密封处理，可以防止在蒸养混凝土的过程中蒸汽泄漏。为了达到环保效果，可以采用蒸汽电锅炉进行蒸养。图4-10所示为采用蒸汽养护混凝土时蒸汽管的平面布置情况。

2）箱涵模具拆除

箱涵在蒸养完成后，模具拆除过程中应满足两个条件：一是内埋管的强度须达到设计强度的50%；二是停止蒸养1h以后，蒸养罩内部与外部的温差不能超过5℃。此外，必须严格把控拆模时间，特别是不能过早地拆模，否则容易出现棱角损坏、表面沉陷、混凝土粘模或裂缝等问题[3]。根据箱涵成型浇筑的工艺特点、模具构造和各部位模板的承重情况以及设计要求，拆模应严格按照由内而外、由上而下的顺序进行。模具拆除完成后，采用门式起重机将箱涵和底模移出模具（图4-11），运到指定成品养护棚并洒水自然养护。模板拆除的工序应严格按照“箱涵钢模具操作说明书”的相关规定执行，禁止出现猛烈击打、硬拉、硬撬等行为，防止损伤模具或损坏止浆密封胶条。

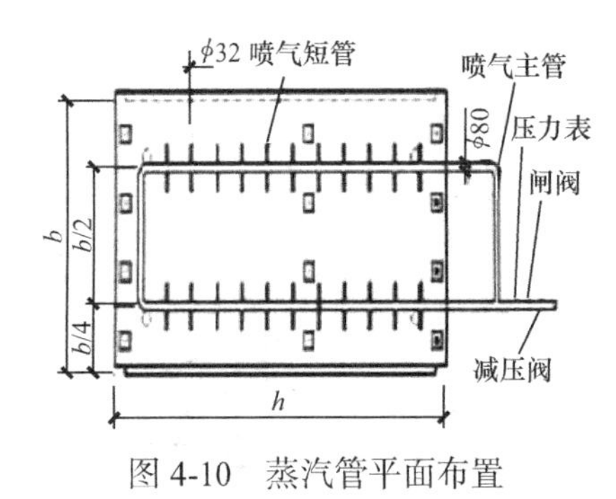

图4-10　蒸汽管平面布置

图4-11　箱涵吊装出模

3）闭水检验

（1）综合管廊注水

注水前先将管廊用堵板封堵密实，经检验合格后即可向管廊内注水。水自管廊底端注入，注满后为保证管廊内壁及界面材料充分吸水，浸泡时间不能少于规定时长。

（2）试验

管廊浸泡时长满足要求后方可进行试验，试验水头位于管廊顶部以上2m，若上游管廊内顶至检查口的高度小于2m时，根据相关标准要求，闭水试验水位需达到井口位置。

当试验水头达到规定要求时，开始计时；观察管廊渗漏量，直至观测结束。期间需要不断向管廊内加水，以保证试验水头的稳定；观测渗水量的时间不能短于0.5h。

实测渗水量按照下式计算：

$$q=\frac{W}{TL}$$

式中　q——实测渗水量［L/(min·m)］;

W——补水量（L）;

T——观测时间（min）;

L——试验管端的长度（m）。

管廊铺设完毕后，应及时通知由甲方指定的第三方检测机构和现场监理工程师进行管廊系统的闭水试验工作，试验合格后方可由土方施工方进行回填作业。

（3）检查要点

管廊必须逐节检查，检查井和外观质量以无漏水和无严重渗水为验收合格标准。管廊灌满水后浸泡时间和钢筋混凝土管浸泡时间不得少于规定时长；闭水试验要求在现场进行实测实量、实地计算，并填写相关表格，以此作为隐蔽验收记录。

4.3　质量检测与管理

作为装配式管廊主体结构的重要组成部分，预制构件的质量直接关系到管廊投入使用的效果，同时，预制构件的生产效率与管廊的建设周期、成本密切相关。生产高质量构件是保证装配式管廊项目施工顺利进行的重要前提。

4.3.1　质量控制要点

为了确保预制构件成品的质量，需要对预制构件成品进行相关检验。同时，把控好预制构件的出厂质量，也是保证装配式管廊主体结构质量的重点[4]。构件生产阶段质量控制要点见表 4-1。

构件生产阶段质量控制要点　　表4-1

序号	质量控制环节	入口把关	过程把控	结果检验
1	钢筋制作与入模	钢筋下料，检查成型半成品	检验钢筋骨架绑扎；检验钢筋骨架入模；检验连接钢筋、加强筋以及保护层	复查深处钢筋的外露长度和中心位置
2	套筒预埋件等固定	首次验收与检验；首次试安装	套筒和预埋件的安装是否满足图样要求；检验半灌浆套筒与钢筋的连接	检查脱模后的外观尺寸；对套筒进行透光检查；调整出现问题的环节
3	混凝土浇筑	① 隐蔽工程验收； ② 模具组对合格验收； ③ 混凝土搅拌浇筑指令下达	① 混凝土搅拌质量； ② 提前制作混凝土强度块； ③ 混凝土运输、浇筑时间； ④ 混凝土脱模振捣质量把控； ⑤ 混凝土表面处理品质把控	检查脱模后构件的尺寸和表面缺陷情况，如有问题及时处理，制订预防措施并贯彻执行

续表

序号	质量控制环节	入口把关	过程把控	结果检验
4	混凝土养护	前道工序已完成并完成预养护；温度记录	养护是否按照操作规程要求执行；试块试压	拆模前表观检查，有问题及时处理，制订下一次养护的预防措施并贯彻执行
5	脱模	同条件试块强度、吊点周边混凝土表面检查	脱模是否按照图样和操作规程要求执行；脱模初检	脱模后进行表面缺陷检查；对问题进行处理，制订预防措施并贯彻执行

4.3.2 具体管理措施

1）现场施工人员在施工前进行交底工作，以便于熟悉安全操作技术、预制装配工艺流程等内容。

2）对于起重、焊接、现场指挥等特殊施工作业人员，确保其持证上岗。

3）在进入生产区域时，全体工作人员必须佩戴安全装备，并严禁外部人员进入生产区域。

4）生产区域临时用电遵守“三级配电、两级保护”原则，配置标准达到“一机、一闸、一箱、一漏”。

5）对于高度超过 2m 的施工作业，技术人员必须经由按规定搭建的登高楼梯和通道上下通行；工作平台四周设置好围护措施，如踢脚板、防护围栏等。

6）吊装施工前，对门式起重机、吊装工具、工件、索具等进行质量和技术性能检查，以保证施工过程安全、设备状态良好。

7）起重机的工作和现场调度必须严格遵守相关安全规定。操作人员必须服从指令，双方紧密合作，严格禁止违反规则条例的冒险施工；现场指挥要分工明确，专注集中，信号准确，不得擅自离开工作岗位。

8）吊装施工区域需建立合理的吊装禁区，杜绝影响吊装工作的人员进入危险吊装区域，禁止任何人员于吊装作业空间下停留或走动。

9）在起重作业前，需认真执行试吊检查制度，在荷载吊离地面 20～50cm 处停留，确认起重机工作状态良好后再继续起吊。

10）起重机在起升、回转和变幅时需缓慢而有规律地运行，不得有大幅度或剧烈动作。

11）在吊装操作过程中，需严格按照起重操作的安全技术规范以及相关要求执行，严格遵守吊装操作的“十不吊”原则[5]。

4.3.3 质量检验标准

1. 预制构件质量检验

预制构件的质量检验由专业质检人员进行，检验内容包括钢筋、混凝土、预埋件、预钻孔、标签等（表 4-2）。检验不合格的预制构件需送回工厂进行整改，由专门的技术人员进行维修，无法维修的预制构件需做报废处理；通过检验的预制构件需由质检人员签字并确认后，才能进行吊装准备，并对构件吊装堆放计划进行检验。

预制构件质量检验项目清单　　表4-2

检验项目	具体检验内容
钢筋	规格、数量、伸出长度、位置等
混凝土	尺寸、成型质量、强度、粗糙面等
预埋件	型号、尺寸、位置等
预留孔	尺寸、位置等
标签	位置、识别度、信息完整度等

2. 吊装堆放方案检验

检验吊装堆放方案的目的是避免在吊装过程中预制构件被破坏，或堆放不合理导致预制构件出现质量问题。吊装堆放方案经技术负责人审核通过后，应对施工人员进行该方案的技术交底。

吊装方案包括吊装设备、吊装方法、劳动力安排、安全措施等内容。当预制构件与钢丝绳夹角小于 60° 或有 3 个以上吊点时需采用平衡梁吊装。预制构件有较大预留孔洞或门窗开洞时，则需要采用临时加固措施。

堆放方案包括堆放方式、垫点位置、堆放区域、堆放高度、堆放层数、堆放辅助装置等内容。不同种类的预制构件的堆放方式有所区别，墙板一般为立放，其他预制构件为平放。立放可分为两类：插放和靠放。插放采用存放架，靠放采用靠放架。堆放区域按预制构件类型进行划分，堆放高度和层数需满足相关规格要求或力学验算。

3. 箱涵外观检验

1）箱体内外表面需保证密实完好且光亮整洁，无裂纹、蜂窝、麻面、气孔、水槽、露砂、露石、露浆及粘皮等现象。

2）承插口端面需光洁完好，无掉角、裂纹、露筋等不密实现象。承口粘贴胶条凹槽部位需保证平滑顺畅、纹路清晰，不能粘有浮浆及其他杂物。

3）顶板、底板内外表面需平整，无局部凹凸不平现象。

4）侧壁预埋螺栓需牢固、丝路顺畅、排列整齐。

5）张拉孔需保证孔径一致，无歪斜偏离现象。

4. 产品外观检验指标

1）箱涵内外表面、承插口端面（检验方法：目测）。

2）几何尺寸：

（1）钢筋骨架内外侧以及箱涵长、宽、高（检测仪器：钢卷尺）；

（2）承口深度、插口长度（检测仪器：深度游标卡尺）；

（3）箱涵壁厚（检测仪器：三用游标卡尺）。

5. 产品物理性能检测

1）混凝土试块抗压强度，蒸汽养护（脱模、28d）、标准养护（检测仪器：压力试验机）。

2）箱涵闭水试验（检测方法：多节连接、两端封堵、舱内注水从封堵墙溢出为止），目测其界面、箱体是否有渗漏、滴水、“冒汗”等现象。

3）箱涵外压试验（检测仪器：外压试验机）。

6. 产品尺寸偏差

1）钢筋骨架：高 ±5mm、长 ±5mm、宽 ±3mm、加强筋 ±5mm、钢筋直径 ±0.1mm；箱涵：高 ±5mm、长 ±2mm、宽 ±2mm、承口深度 ±1mm、插口长度 ±1mm、壁厚 ±1mm。

2）C45 混凝土 28d 抗压强度，脱模强度要求达到 20MPa，抗渗达到 P6，冻融达到 F100，外压裂缝荷载达到 85kN/m、破坏荷载达到 120kN/m。

7. 日常巡检

即使预制构件的质量检测达标，也会由于施工场地的日常业务活动、人员流通和设备进场、转移等问题导致预制构件损害和其他的安全风险。因此，堆场管理员需定期进行巡检并及时记录。巡检工作包括：

1）预制构件完好或损坏情况，标签模糊或缺失情况。

2）预制构件堆放是否符合堆放要求，堆放架安全情况。

3）现场排水及门式起重机等机械设备的电气安全。

4）出入现场的人员是否做好佩戴安全用具的准备工作，在检查过程中发现的任何情况必须及时通知负责人。

8. 离场质量检查

预制构件到达现场后，必须进行彻底的质量检测。离开现场时，在原质量检测的基础上，需检查预制构件的以下几项：

1）混凝土是否有裂缝。

2）外露框架是否弯曲或生锈。

3）预制构件是否剥落或生锈。

4）标签是否模糊或丢失。

如检查不通过，必须将其运送到整改区进行维修，在检查通过前不得离开现场。

4.4　基于 BIM 的生产制造阶段绿色管理

BIM 技术在装配式地下综合管廊项目生产制造阶段的应用价值主要体现在以下几个方面。

1）通过 BIM 技术建立构件模型，可以为构件模具的设计提供依据，从而提高模具设计精度；通过 BIM 技术建立直观的三维实体模型，不仅在碰撞检测上能直观查看问题，而且各细部结构构件也可以“族”的形式导出各类参数。从而使得生产车间能快速获取类似横担、桥架的尺寸信息，快速制造、组装标准化构件，在原材料上合理进行裁剪，减少传统施工中切割、焊接的材料浪费，避免现场动火作业，有效协调了各参与方的工作，从而加快项目进程[6]。钢制波纹管综合管廊构件拆分模型如图 4-12 所示。

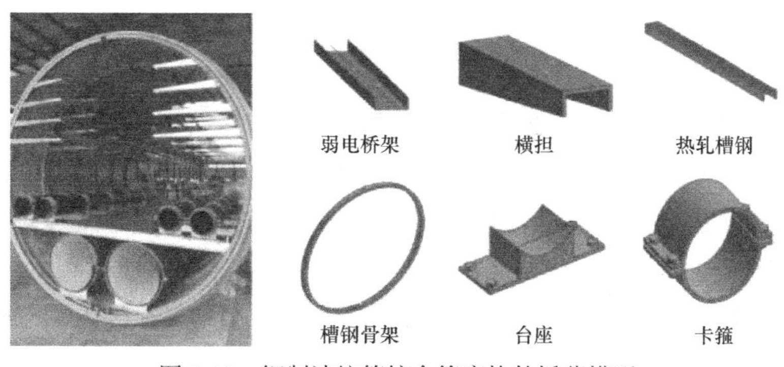

图 4-12　钢制波纹管综合管廊构件拆分模型

2）完好保留预制构件材料的信息。基于 BIM 的装配式管廊三维模型蕴含着丰富、详细的信息，比如预制构件的选用材料、几何尺寸、质量要求以及生产厂家等，在进行预制构件的生产制造时，便于选择合适的绿色材料[7]。

3）BIM 技术可以提高装配式管廊廊体的预制加工能力，实现“生产工厂化”与“管理信息化”深度融合[8]。首先，由深化设计图纸生成廊体预装配 BIM 模型与预制加工图，提交设计、监理、厂家及 BIM 技术人员审核；然后，检查模型和加工图纸中的“错漏碰缺”，形成最终廊体预制加工成果；最后，由施工单位审定复核后进行生产制造。考虑运输和吊装的设备选型，廊体预制的长度尺寸为 1.5m（图 4-13）。

图 4-13　廊体预制成品

4）预制构件生产制造与“互联网 +”相结合，借助 BIM 技术建立一个信息共享平台，实现构件信息的共享。由于装配式管廊项目包含构件很多，将 BIM 模型导入时，随意选中一个构件就能查看该构件的基本信息，并能导出二维码，构件生产过程中可对每一个构件贴上二维码或埋植 FRID 芯片。管理人员通过扫描二维码可以了解构件材料、规格、负责人员信息、生产厂家、生产次序、生产日期、项目名称、构件位置、构件编号、构件存储信息、构件运输信息以及构件吊装信息等基本信息[9]。所有参与部门和单位在 BIM 信息共享平台能够同时查看各种信息，从而提升部门以及单位之间的工作交接效率。此外，还可以利用 BIM 信息共享平台实现对预制构件整个生产制造过程的监控。

图 4-14　构件管理云平台示意

5）在预制构件生产过程中，将 BIM 模型转为量化模型，并上传至协同管理云平台。每个预制廊体的生产进度可通过手持终端进行跟踪，如手机、平板电脑、定制扫描设备等，并实时反馈给平台，如图 4-14 所示，以不同的颜色表示构件的不同状态，例如红色区域表示该构件已出场[10]。

4.5　本章小结

装配式管廊的推广及应用积极回应了国家倡导的绿色施工、工业化生产、节能降耗、可持续发展等政策。本章通过详细介绍其在预制构件厂内制作的全过程，包括生产前准备、制造工艺流程、质量检测控制以及在此阶段采取的一系列科学、合理的管理措施，以确保装配式管廊的加工制作质量，同时有效推动装配式管廊的产业化发展。结合 BIM 技术以及装配式地下综合管廊项目的特点，介绍了 BIM 技术在装配式地下综合管廊项目生产制造阶段的应用。

参考文献

[1] 阮英. 全寿命周期视角下管道工程项目绿色管理分析［J］. 城市建筑，2020，17（33）：180-183.

[2] 石立国，张耀，李海龙，等. 上下分体装配式预制管廊施工技术［J］. 施工技术，2017，46（21）：18-21，45.

[3] 陆慧峰，左亮，魏邦贵，等. 预制装配式管廊预制构件制作技术［J］. 施工技术，2017，46（22）：75-78，84.

[4] 邓声捷，郑焕奇. 装配整体式综合管廊深化设计、生产、安装技术要点分析［J］. 建材与装饰，2019（21）：88-89.

[5] 孙建海，樊云，鲁哲平，等. 城市地下综合管廊全预制拼装技术的应用与实践［J］. 建筑施工，2019，41（8）：1529-1530，1537.

[6] 薛新铭，谭克林，胡春林. BIM 技术在管道预制加工中的应用［J］. 安装，2016（5）：59-60.

[7] 张伟滨. 基于 BIM 技术的地下综合管廊项目成本管控研究 [J]. 福建建设科技，2021 (1)：107-109.
[8] 周桂香，蒋凤昌，徐华，等. BIM 技术在综合管廊工程建设全过程中的应用 [J]. 工程建设与设计，2018 (11)：175-178.
[9] 蔡梦娜. BIM 技术在装配式综合管廊施工中的应用研究 [D]. 沈阳：沈阳建筑大学，2019.
[10] 高峰，王幸来，程雄辉. BIM 技术在城市地下综合管廊中的应用 [J]. 江苏建筑，2017 (1)：72-76.

装配式地下综合管廊运输储存阶段绿色管理

装配式管廊预制构件一般划分为水平构件、垂直构件和其他构件。设计、制造、储存、运输和安装是预制构件生产的基本过程。装配式管廊预制构件的运输和储存仍然存在缺乏配套技术和设备、管理方式相对粗糙等问题，导致运输和储存过程中，构件很可能发生变形和损坏，直接影响到管廊的施工和使用。因此，需要全面规划、设计和开发专用的构件运输用具，引入先进的管理方法，优化控制流程，以提高施工过程中的运输效率和质量。

5.1 运输阶段绿色管理

5.1.1 运输阶段的基本要求

1）运输用路需平整、牢固，预留出合适的道路宽度和转弯半径。卡车单轨宽度不小于 3.5m；拖车单轨宽度不小于 4m；双轨宽度不小于 6m。当使用单行道时，必须有一个合适的错车点。载重车辆转弯半径不小于 10m；半挂车转弯半径不小于 15m；整车转弯半径不小于 20m。

2）用于制作构件的混凝土，其出厂强度不得低于设计强度的 70%，特殊部位的强度需达到 100%。

3）自卸车装卸钢筋混凝土构件时，无论是车上运输还是车旁堆放，构件的垫点和起吊点均应符合设计要求。堆放在车上或堆放于作业现场的部件，部件之间的缓冲器应在同一垂直线上，且保证厚度等同。

4）必须保证部件在运输过程中可靠固定，避免构件在行驶过程中翻车或在高速转弯时脱落。对于重心高且承载力面窄的构件，必须用支撑物固定。

5）依据工期、距离、重量、构件尺寸和类型以及现场的实际情况，选择满足要求的运输、装卸机械。

6）运输的构件必须按照吊装程序进行发运并做好配套供应工作，以确保现场顺利吊装。

7）对于不易翻转、重量大、长度大的部件，在加工现场进行生产时，应作合理设置，根据其安装方向预先确定装车方向，以便于卸载和定位。

8）构件进场应按结构构件吊装平面布置图确定空间位置，避免多次倒运。

9）采用铁路或水路运输时，应设立中间堆场进行临时堆垛，并使用载货汽车或拖车转移到起重现场。

10）采用铁路运输时，构件外形尺寸不得超过《标准轨距铁路限界 第 1 部分：机车车辆限界》GB 146.1—2020 规定的极限尺寸。按照《标准轨距铁路限界 第 2 部分：建筑限界》GB 146.2—2020 的要求，构件运输时应标明超大货物的最大装载限幅尺寸。

5.1.2　常见运输设备

不同特性、尺寸、重量的大型建筑材料、机械器具与材料、预制件、钢筋、模具与成品预制件等具有不同的交付要求，应当选择合适的运输方式。以下介绍常见的装卸和运输工具。

1. 起重机

当被输送物体的重量、体积较大且运输距离较短时，通常使用起重机作为输送机械。根据机器的工作方式，起重机可分为两种类型：固定型和移动型。由于起重作业要求高且存在安全风险，在起重机投入使用前，其设备和附件必须经过严格的验收与检查，操作人员必须经过严格的培训。

1）固定式起重机

固定式起重机的形式有钢架梁起重机、门式起重机（图 5-1）和塔式起重机（图 5-2），其中门式起重机也可配备悬臂钢梁，以有效改善设备和场地的使用情况。

图 5-1　门式起重机

图 5-2　塔式起重机

2）移动式起重机

某些加工厂、堆放场地及施工安装现场不具备固定式起重机的使用条件，可使用高机动性的移动式起重机。移动式起重机按照运动方式可分为两种类型：轮式（图 5-3）和履带式。

2. 轨道式台车

轨道式台车往往用于各个地区的固定道路的短距离运输（如仓库中的预制部件），其动力通常由卷筒拖拉机和可充电式电机提供。图 5-4 所示为使用轨道式台车运输预制构件和钢筋笼。

图 5-3　轮式起重机

图 5-4　轨道式台车

3. 货车及拖板车

预制构件长距离运输通常在运往现场或仓库交付时进行。在公用道路上行驶时，构件通常由符合公共交通规定的大型卡车运输，其中卡车主要为斗式大货车及连接平板式货车（图 5-5）。

4. 低台板车

低台板车是专门为运输墙板式组件（构件）而设计的，可以使组件在运输过程中保持直立。当公路货车的高度限制为 4m 时，可将墙板的最小侧长（高度或宽度）固定在 3.5m，如图 5-6 所示。

图 5-5　连接平板式货车

图 5-6　低台板车

5. 随车起重货车

随车起重货车（也称为吊卡）结合了吊车和卡车的特点，大多为抓斗起重机，起重臂长度适宜，以充分利用机动性。其载货容纳重量已包含起重机自重，因此承载能力有限，适用于工具、材料、小部件等的运输，如图 5-7 所示。

6. 叉车

叉车是最普遍的工厂搬运机器和工具之一，图 5-8 所示为采用叉车搬运高速铁路的轨枕产品。

图 5-7　随车起重货车

图 5-8　叉车

5.1.3　运输阶段的基本方式

大型预制构件运输方式包括国内运输方式和国外运输方式[1]：

1. 国内运输方式

装配式建筑行业在我国起步较晚、发展较慢，当前构件的转移、堆放和运输方式相对仍较落后。构件装车后，用钢丝绳或软固定带将其固定于车辆上，接触点需采取具有隔离和缓冲的应对措施。在运输过程中，构件一般为平放或直立的状态，如遇到特殊情况，为防止构件滑动，需采取绑扎固定等支撑措施。由于缺少运输车辆和构件搁置架等专有运输工具，在一定程度上加大了国内装配式构件在运输时损坏的风险，导致了大型装配式构件运输效率不高。

1）横向构件

管廊的横向构件（如底板）运输要求相对较低，其堆栈方式为平层堆栈。

横向构件的运输方式存在以下问题：

（1）由于力的转移缓冲，放置在底层的大型构件在堆场和运输车辆中易受到损坏。

（2）在运输过程中，由于道路颠簸、构件自重大等，常导致构件的损坏率升高。

（3）运输车上构件主要靠木方摩擦力及绑带固定，一旦发生急刹车和急转弯，极易导致构件损坏。

2）竖向构件

对竖向构件而言，一般采用 A 型框架和竖直固定框架进行运输，并且较多地选用低台板车运输构件。A 型框架运输，是指将货架直接放置在卡车上，利用货架自身重量和构件重量所产生的摩擦来固定货架的运输方式；竖直固定框架运输，是指通过集装箱卡锁将货架和卡车固定在一起的运输方式，该方式仅起到连接作用，无任何减振效果。上述两种运输方式主要存在以下缺点：

（1）靠放是堆料的主要放置方式，堆料堆放的顺序决定了吊装的顺序，在特殊情况下无法吊出最内侧的构件。

（2）由于运输货架与卡车主要通过与货架自重所产生的摩擦来进行连接，因此车辆在紧急制动时，存在较大安全隐患。

（3）传统平板车如果装载 3m 高的外墙板，其整体高度远超 4m 的道路限高（考虑车辆自身的高度），这种情况下构件是无法顺利转移的。

在预制构件运输过程中的各个环节中，车辆的运输状况、构件的实际受力状况、构件的放置位置、实际运输过程中的紧急情况等因素，都有可能造成构件的损坏。构件损坏的具体表现形式包括：①因车辆转弯、加速或紧急制动导致的构件断裂、开裂情况；②卡车受到的外力超过最大极限，构件发生翻倒；③混凝土构件连接件断裂损坏。

2. 国外运输方式

国外水平构件的运输方式与国内的运输方式基本一致。竖向构件的运输通常配有可拆卸的防护装置，并且设计了用于特种构件的专用运输车和具备滑动适应功能的专用运输架，对于部分车辆还配备了专门的侧向支撑，以此确保运输构件的安全，如图 5-9 所示。在运输过程中，大型预制构件需要先放置在专用货架上，货架及其所包含的大型预制构件作为一个整体再放置于车辆上，到达施工现场后方可卸下。

(a) 专用运输车

(b) 专用运输架

图 5-9　国外竖向构件运输设备

上述运输方式具有以下优点：①生产车间在施工现场，与堆场的运输框架相同，运输便捷；②托盘放置在堆场，车辆自装卸，无需吊装，这样既可以有效避免构件损坏导致工期延误，还可以减少时间和人力等成本；③具有解决超限问题（限高、限宽）、避免交通限制、有效缩短运输距离的明显优势。

3. 减振措施

在研究运输方式的同时，也要留意对减振措施的研究，减振措施可以从以下两个方面来考虑：

1）常用的减振材料

常用减振材料的应用与优缺点见表 5-1。在这些减振材料中，木材是利用率最高的一种。为了提高垫木的减振效果，对不同种类的木材进行了减振试验，以测试不同种类木材的减振性能，结果表明，改性处理的人工杉木可以提供更好的减振性能；改性弯曲木也可用作减振材料。

常用减振材料　　表5-1

序号	减振材料	应用	优缺点
1	木材	水平构件：楼板、阳台、楼梯、空调板 竖直构件：剪力墙、夹芯保温墙、叠层墙板	木材具有延展性，能够重复利用
2	多层板	水平构件：阳台、空调板 竖直构件：剪力墙、夹芯保温墙、叠层墙板	材质柔软，缓冲性能突出，但抗压强度受限，不能浸泡
3	橡胶垫	水平构件：楼板、阳台、楼梯、空调板、双T板 竖向构件：剪力墙、夹芯保温墙、叠层墙板	弹性好，缓冲性能好，但耐热性差，易老化
4	EP泡沫板	组件的临时堆放	材质柔软、易碎，污染环境，不能重复使用

2）减（隔）振措施

（1）车辆减振措施

使用 13 轴液压平板运输车，在拖车的悬挂和转向系统中采用液压法，可以在路面不平整时，使车辆的装载平台始终保持水平状态，减少构件的振动[2]；也可以通过转换成液压的方式来控制运输卡车的后轮[3]。简而言之，可以人为利用专用电机来控制车轮的转向，减小车辆的转弯半径，减少公路隐患；并且利用液压悬架系统，确保构件各部分受力均匀。

将可调节弹性系数的空气弹簧设置在一些运输车辆的底部，如图 5-10 所示，有利于增强汽车在高速行驶过程中的稳定性。具体来说，高速行驶中的车辆，底部设置的空气弹簧通过变硬来提高车辆货架的稳定性，当行驶过程中遇到恶劣路况时，空气弹簧软化，以改善车辆托架的减振性能。此外，空气弹簧的调整还可以保证车厢货架高度不变，有效防止货物倾斜，在一定程度上降低车辆货架装载平台的高度，方便装卸货物。

图 5-10　运输车设置空气弹簧

（2）减振搁置架

采用减振搁置架能够有效缓解预制构件的振动。针对横向构件的运输，设计了特殊的双 T 板减振搁置架[4]，如图 5-11 所示。该减振搁置架可直接在堆场放置，车辆自装卸，

图 5-11 双 T 板减振搁置架

无需起吊，同时可以限制双 T 板在运输过程中的位移，使构件的运输破损率大大降低。相关计算结果显示，使用减振搁置架后，构件在静止与运输过程中的最大挠度相差很小，减振效果较好。

减振搁置架形式还包括在拖车上安装带转盘的支撑架[3]，如图 5-12（a）所示，该支架具备全角度旋转功能，在车辆运输过程中，当构件受力不均匀时，通过打开和调整支撑架来平衡受力。此外，也可设计成隔振橡胶支撑垫、液压阻尼支撑技术和垂直支撑相结合的减振搁置架形式[5]，如图 5-12（b）所示，将铅芯阻尼橡胶支座设置在车辆底部以形成隔离层，同时，采用液压阻尼支撑限制构件的左右位移，采用垂直支撑限制前后位移，然后在调整预制构件振动频率的基础上，控制车辆的行驶振动频率，以此来达到减（隔）振的目的。

(a) 带转盘的支撑架

(b) 多技术结合的减振搁置架

图 5-12 其他形式搁置架

为了减少构件与垫片碰撞而造成的损坏，搁置架中构件之间的垫片外部可用橡胶包裹。部分减振搁置架采用可拆卸的形式，竖向支架可以固定在底座上的不同位置，以此来满足不同规格预制构件的运输需求。同时，应该在底座位置安装减振装置，如箱形木龙骨结构，该结构由横向木板和纵向木板组成，可以有效减缓运输过程中车辆行驶带来的构件振动。

5.1.4 绿色运输

为实现装配式管廊全过程的绿色管理，实施绿色运输极为必要。绿色运输是指在装配式管廊预制构件运输过程中，通过选择合理的运输工具和路线，克服重复运输，尽可能避免对环境造成破坏，以实现节约能源、减少废气排放的运输方式。绿色运输是从环境保护的角度出发，并在其基础上对运输体系进行改进，目的是建立一种与环境协调共生的运输系统。

当下，为了进一步提高我国绿色运输的发展水平，可以从以下四点入手：

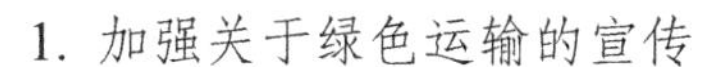
1. 加强关于绿色运输的宣传

通过各种媒介，加强对绿色运输的广泛宣传，提高人们对绿色运输重要性的认知，使人们意识到绿色运输有利于环境保护，并直接关系到人类往后的生存和发展。

2. 完善相关法律体系

政府应制定科学的环境保护政策，加强对资源合理利用的监督和对污染行为的惩治，除了严格执行《环境保护法》《环境噪声污染防治条例》和《固体废物污染防治法》等相关法律法规外，还应提出有针对性的监管措施，并推进实施监管。

3. 实施智能交通管理系统

智能化交通管理系统是集成了先进的信息技术、电子传输和通信传感技术、控制技术和电子计算机处理技术而创建的一个全面、实时、准确和有效的综合运输和管理系统。智能化交通管理系统可有效改善交通拥堵状况，最大程度地提高整个交通系统的机动性、安全性和运营效率。

4. 开发替代能源

随着全球能源危机和环境污染加剧，开发利用替代能源一方面能够实现减少能耗和污染的目的，另一方面还可以提高车辆的运输速度和配送效率。当前，煤油混合料和煤油水混合料、乳化燃料、电能、太阳能等都是主要的替代能源。英国“能源白皮书”中指出，未来低碳运输燃料中，最有前途的可替代燃料是生物燃料和氢。总的来说，随着技术的进步，新能源主要利用有机废物和可再生资源生产，具备取材容易、清洁环保等特点，对减少有害排放和改善空气质量有很大的促进作用。

5.2　储存阶段绿色管理

5.2.1　储存阶段的一般规定

目前，国内的装配式管廊构件的主要储存方式包括：车间内专用储存架或平层叠放；室外专用储存架、平层叠放或散放。

构件储存时应满足以下要求：

1）构件存放的台座应牢固、稳定，距地面高度宜大于200mm。应在提供适当防排水设施的场所进行构件储存，同时，确保储存过程中构件不会因支撑点下沉而受损。

2）构件存放时，其支撑点应调整到符合设计标准的位置，选择木材或其他合适的材料作为支撑，构件不得直接支撑在坚硬的存放底座上；如果养护期尚未结束，混凝土应继续进行养护。

3）构件应按照安装顺序进行编号和储存；预应力混凝土构件的存放时间不得超过3个月，特殊情况下不得超过5个月。

4）构件多层叠放时，相邻两层之间宜用垫木隔开，每层垫木的位置应设在符合规定的支点处，上下层垫木应在同一条竖直线上；叠放的高度应该根据构件的强度、基座基础的承载能力、垫木强度和堆垛稳定性等进行计算确定。大型构件宜为2层，不应超过3层，小型构件宜为6～10层。

5）特殊时期，诸如雨期或春季融冻期，为防止因土壤软化和沉降而导致构件断裂和破损，应该提前采取防护措施。

5.2.2 预制构件储存管理

1. 储存时可能出现的问题

通常使用放置木块的方法来减小预制构件在储存期间的振动，但这种方法对工人的实际操作有很高的要求。常见的裂纹（图5-13）及掉角（图5-14）等预制构件局部破损的状况极易出现在储存期间。该阶段预制构件易产生损伤的影响因素包括：①构件堆栈层数过多，导致下层构件承载力超过了最大限值。②构件堆放方式不合理，相邻层间未设置垫木。③储存场地不平整，或地面下沉导致构件断裂、损坏；有的甚至将构件直接堆放在地面上。④操作不当，反复起吊对构件造成双倍加载卸载；⑤再次起吊或移动构件时，未设置专用固定架或放置位置不正确。

图5-13 构件出现裂纹

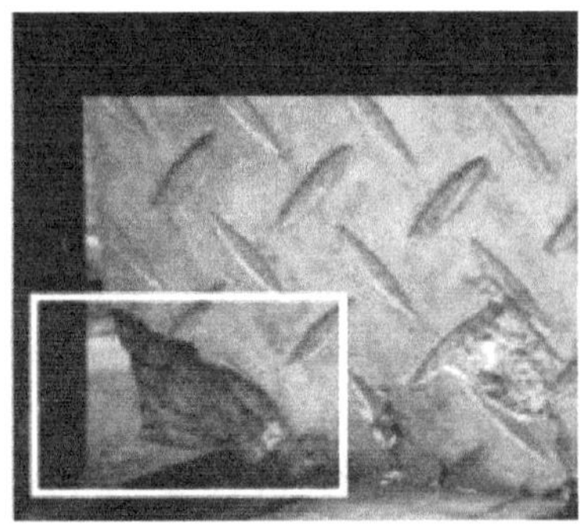

图5-14 构件出现掉角

采用预制叠合板阻尼缓冲堆砌叠层结构，可降低部件在储存期间的损坏率[6]。对于由支撑架和多个支撑板组成的缓冲堆栈层压结构，需要在支撑架的上表面之间设置多个弹性凸起以代替普通楔形体，获得良好的阻尼和缓冲效果。同时，为了防止构件之间的刚性接触[7]，堆放时应在搁置点处填塞柔性垫片。

2. 构件储存方式[1]

1）横向构件

横向构件必须存放在平整硬化的地面上或采用钢架堆放，如图 5-15 所示。如采用堆栈放置时，每两层构件之间应放置垫木，且保证各层垫木均处于同一垂直线上，尽量避免不合理存放对构件产生额外的应力损伤。

2）竖向构件

竖向构件应采用专业的堆放架或 A 形架堆放等方式竖向放置，如图 5-16 所示。

(a) 硬化地面上堆放

(b) 钢架堆放

图 5-15　横向构件储存方式

(a) 堆放架堆放

(b) A形架堆放

图 5-16　竖向构件储存方式

3）不规则构件

不规则的构件宜平放；存在悬飘部位的构件，堆放时应确保最大平面处于同一水平面；形状特殊的构件可通过插放架、C 形架等方式垂直堆放，如图 5-17 所示。

3. 预制构件的养护和脱模[8]

1）蒸汽养护是预制构件现场养护的最主要方式。在对构件进行蒸汽养护之前，为防止构件干燥，应采取薄膜覆盖或加湿等措施对其进行至少 2h 的预养护。

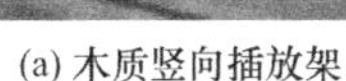

(a) 木质竖向插放架　　(b) C形架

图 5-17　不规则构件储存方式

2）升降温速的控制是蒸汽养护过程中十分重要的一环，需要工作人员密切关注。一般来说，升温的速度变化率应为 10～20K/h，降温的速度变化率不宜超过 20K/h。蒸汽养护过程中，应严格按照养护制度对管廊预制构件进行养护，至少对其进行 4h 的持续养护。

3）管廊预制构件进行出窑脱模作业时，必须保证蒸养窑内外温差小于 20K，并按照“先支后拆”的原则对构件进行脱模，拆除模具时不得使用振动的方式拆，以免降低模板精度和使用寿命。在确认构件与模具已完全拆除的前提下，方可进行预制构件的起吊工作，并且同条件养护试块抗压强度不得低于设计强度的 75%。

5.3　运输储存阶段的安全管理

对预制构件运输和储存过程进行绿色管理，虽然可以较大程度地减少资源消耗、增加企业效益，但也无法避免一些安全问题的出现。因此，在追求预制构件运输储存阶段绿色管理的同时，也要重视其安全管理相关工作。

5.3.1　运输储存阶段的安全问题

1. 车型选择存在的风险

车型选择问题需要具体情况具体分析。由于预制构件的长宽比、长厚比以及宽厚比存在明显差异，运输过程中如果车辆选型不适宜，或预制构件摆放不正确，或车的两侧护栏保护措施不到位，都可能导致预制构件滑落、损坏。在施工现场坑洼处，由于运输车辆颠簸作业，预制构件也可能发生翻倒。

2. 运输路径存在的风险

装配式管廊的预制构件从加工厂运输到施工现场前，应结合实际情况制订合理的运输方案。该步骤往往最容易被忽视或过于草率地进行，无法应对一些诸如交通管制、道路堵塞、路段限高限重等意料之外的事件发生。由于预制构件往往体积和重量大，在运输过程易因放置不合理、捆扎不牢固、车辆急转弯急刹车等原因造成事故风险。此外，在没有进行道路状况研究和路面平整实勘的情况下，盲目选择运输路径不仅会增加运输时间，还可

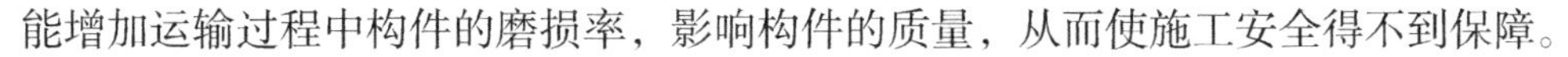

能增加运输过程中构件的磨损率，影响构件的质量，从而使施工安全得不到保障。

3. 搬运及存放存在的风险

1）运输至施工现场的预制构件需要进行合理的储存。如果选择的储存位置存在地面不平整、积水或者容纳能力有限等状况，则将很可能导致构件坍塌滑落、受潮、整体刚度下降等问题。如存放场地未硬化或硬化后强度不够，堆放过程中出现地基下沉，也可能造成倾覆风险。由于施工现场可长期存放预制构件的场地较小和不标准、人流量大等，预制构件运到施工现场后发生安全事故的风险往往较高[9]。

2）由于预制构件之间的缓冲位置不均匀，预制构件在储存时，很容易因垂直荷载作用而损坏。在预制构件的码放过程中，具体的码放高度会受到很多因素制约，一旦码放数量过高，形成积压和过多堆叠，超过了场地可承载力，底部构件也将因受压过重而发生变形，影响码放构件的整体稳定性，甚至发生坍塌问题，对周边施工环境及人员安全造成威胁。

3）预制构件在堆放过程中，实际堆放行为受施工人员安全意识的影响。若施工人员的安全意识较低，预制构件在不稳定状态下垂直堆栈，支撑架强度不够，或基础不牢固，或没有任何的横向防护做支撑时，可能导致构件倾覆和坍塌问题。

4）如储存区和吊装区线路规划不合理，将导致二次搬运，在运输过程中容易发生各类安全事故。

综上可知，虽然装配式管廊优势显著，但其特殊施工方式带来很多安全问题，因此需要制订相应的措施。

5.3.2　运输储存阶段的应对措施

在运输开始前，应编制专项运输方案，并利用BIM等技术，对不同类型的预制构件、不同的运输车辆的装车方式进行模拟，制订出高效、安全的运输方案，并规划好预制构件的存放位置与存放方式[9]。

1. 运输车型的选择

在追求绿色运输的前提下，需要对预制构件运输车辆有深入的了解。既要考虑车辆上预制构件放置的稳定性，也要考虑集中放置时构件能承受的压力，同时还要制订出有效的固定措施，防止出现因路面不平或司机不良驾驶习惯而造成的构件滑移。当预制构件重量超过一定限度时，可选用液压悬架作为解决方案。如果预制构件容易受到撞击，也可选用空气悬架。此外，车辆上的负载固定装置还可以调节预制构件的纵向倾斜度，以便于准确固定。我国已研发使用的预制构件运输车辆中，配备了相对高效防护的两侧构件保护装置；为了对中间的预制构件装载区起到较好的保护作用，对钢制框架进行了滑动功能改组，更好地避免了运输过程中因路面影响造成的构件滑落或挤压受损问题，减少损耗，实现对构件的高效运输。

2. 运输路径的确定

1）在预制构件运输前，应对加工厂和施工现场之间的路线进行详细调查，并对沿途可能经过的桥梁、隧道、桥洞和山脉进行勘察和研究。

2）针对桥梁、隧道、桥洞和山脉等，采集并归纳其最大承载力等力学特征信息，总结准许通行的最大高度、最小宽度、最大坡度、最大重量等，并在路线上详细标记障碍处等位置。

3）尽量避免仅根据经验或调查数据制订运输计划，应与地方有关部门沟通协调，了解当地的交通路况，还应特别重视附近的铁路、电车等贯通情况，以避免事故发生造成损失。

4）运输路线应尽可能短。运输前应仔细检查该地区的道路规划，以确定最佳运输路线。为避免意外情况，建议在此基础上规划另一条路线，以备不时之需。

3. 存放区域的选择

通常情况下，在项目施工前，应策划好预制构件的存放场地，尽量方便起重机一次吊装，避免二次搬运。如遇特殊情况，预制构件必须进行储存时，对储存区域的选择是十分严苛的。

1）妥当安置预制构件。应合理选择储存场所，并有效协调其位置，区分建筑区和居民生活区。首先，选择位置后对地面进行平整和硬化，计算承载构件的荷载。其次，预制构件存放地到施工现场的运输距离应尽可能短，并确保避开所有可能的危险因素，降低事故发生的概率；采用矩阵法确定构件的储存区域。最后，在明确最佳运输路径的前提下，对运输范围内道路交通状况、施工区域、生活区域和构件吊卸区域等进行规划统筹，大致估算出各施工现场所需构件的数量，从而确定最佳的构件储存区域。

2）预制构件堆栈放置时，预制构件之间的垫木或其他垫块应放置在同一条直线上。堆栈时，如果遇到刚性搁置点，应在中间填充柔性垫片，以免损坏构件。同时，应严格控制预制构件的堆叠数量和高度。

3）分类储存。储存场所的选择建立在对预制构件合理分类的基础上，以确保各类构件的合理储存。应保证储存场所地面的平坦与干燥，在所选场地提前安置支架以储存构件，同时，在构件存放场地四周设置围栏并张挂警示标牌，明令禁止施工人员在内休息或逗留。

4）培训上岗。施工人员应经过合格的培训，具备相应的资质，能够胜任预制构件的储存堆栈等各项工作后方可上岗，如在储存区域安装预制构件支架、定期检查其强度和稳定性、及时运输构件等。

5.3.3 应急预案的制订

为了尽可能避免发生安全问题，在预制构件的运输和储存过程中，应严格按照相关规定进行专项操作。然而，工程的实际情况不是一成不变的，施工单位应根据实际情况制订完善的应急预案，以妥善应对突发情况，最大限度地减少损失。同时，应建立项目的应急指挥部门，当意外安全事件发生时，应急指挥部门要能在最短时间内做出反应，按照前期

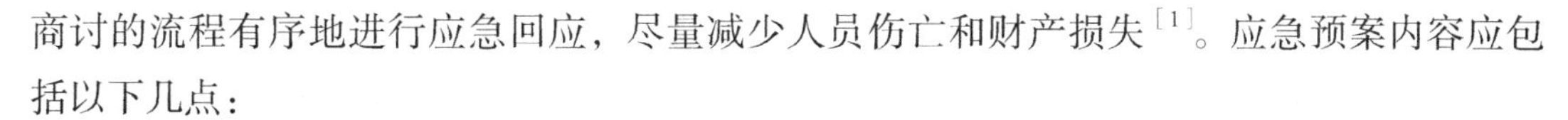

商讨的流程有序地进行应急回应，尽量减少人员伤亡和财产损失[1]。应急预案内容应包括以下几点：

1. 天气突变应急预案

预制构件运输期间遇天气突变，如降雨、降雪等情况时，应及时遮盖预制构件并对车辆采取防滑措施，保证预制构件能够安全运抵指定地点。

2. 车辆故障应急预案

运输前，需安排好备用车辆和维修人员。如运输过程中车辆出现故障，应立即安排技术人员进行维修。如确定无法维修，应采取紧急运输措施，及时调配备用车辆，保证在最短时间内到达指定地点。

3. 道路堵塞应急预案

在预制构件运输过程中若遇到交通堵塞情况，应服从当地交管部门的协调指挥；如遇集市或重大集会，建议改变运输计划，或者寻求新的通行路线，确保顺利通过。

4. 构件松动应急预案

若在运输和存储过程中遇到因客观原因导致预制构件捆扎松动的情况，应由相关质检人员及专家认真分析松动的原因，重新制订切实可行的加固方案，对预制件进行重新加固包装。

5. 不可抗力应急预案

在运输和储存过程中如有不可抗力的情况发生，应首先利用一切可以利用的条件将预制构件置于相对安全的地带，妥善保管，并做好相关记录工作。待不可抗力的影响消除后，继续实施原运输和存储计划。

5.4 基于 BIM 的运输存储阶段绿色管理

5.4.1 基于 BIM 的运输阶段绿色管理

在装配式管廊预制构件运输前，应将预制构件的施工进度、预制构件的存放情况、所需预制构件种类及数量等基本信息及时上传至 BIM 信息交流协同平台，参建各方通过查看 BIM 协同平台的基本信息，对预制构件的制作进行动态调整，避免信息传递不及时带来多方损失。

装配式管廊预制构件运输过程中主要的影响因素包括：路线的选取、车辆的选择、装卸地点的选择、构件的摆放。

1）路线选取时，应通过采集实时路况网的路况信息，分析道路管制和车辆限行情况，选出满足构件运输时速、拥堵指数等条件的道路，并将这些信息导入 BIM 协同平台，综合分析得出最优的运输路线；结合 RFID 芯片对构件运输的动态进行实时管控，保证构件及时到达施工现场[10]。

2）车辆选择时，应对运输车辆的所属地、载重、车况、尺寸、司机的基本信息进行详细了解，将车辆的基本信息导入BIM协同平台，使参建各方能够实时了解车辆的动态，保证车辆安全运输的前提下合理安排运输时间，并对突发事件及时做出反馈，提高运输效率。

3）装卸地点选择时，需要参考设计阶段场地优化图进行布置，最大限度实现“短库存、高周转”的目标[11]，充分利用现场施工空间，提高施工效率，从而达到节约成本的目的。

4）构件摆放时，应依据施工模拟的情况，以及预制构件本身所携带的RFID芯片，对不同种类、不同用途的构件进行区分，进而确定构件的摆放次序，提高安装过程中的施工效率[12]。

5.4.2 基于BIM的储存阶段绿色管理

存储阶段绿色管理中BIM技术的应用是提高构件存储合理性以及保证构件质量的一种方式，这种方式可以最大限度避免构件存储不善导致质量下降的问题。例如，利用AMCLOS（ELRaves设计）系统，可以从数据存储空间里获得有关构件的数据信息，这些数据信息是构件在施工现场合理储存的重要依据，也是最大限度保存好构件的基础[13]。另外，利用该系统还可以准确地找到构件在施工现场最佳的储存位置，便于按照就近原则保存，减少构件的运输成本以及空间占用，有效提高构件存储的便利性与合理性。

BIM技术基于高度集成化的信息管理模型，可以形成构件的存储管理数据，大幅提高构件的存储管理效率，合理把控构件在施工全过程中的成本、质量以及进度。

5.5 本章小结

本章从装配式管廊的运输储存管理方面入手，分别对运输阶段和储存阶段的绿色管理进行了阐述，同时分析了预制构件在运输与储存阶段中存在的安全问题，并提出了相应的应对措施。最后针对BIM技术在运输与存储阶段的绿色管理进行了介绍。

参考文献

[1] 常春光，常仕琦. 装配式建筑预制构件的运输与吊装过程安全管理研究［J］. 沈阳建筑大学学报（社会科学版），2019.21（2）：141-147.

[2] 田石，基于BIM的装配式建筑绿色施工管理研究［J］. 四川建材，2021.47（4）：206-207.

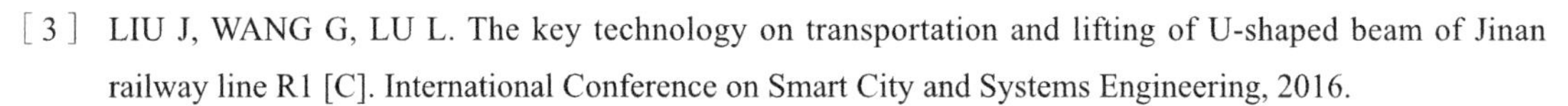

[3] LIU J, WANG G, LU L. The key technology on transportation and lifting of U-shaped beam of Jinan railway line R1 [C]. International Conference on Smart City and Systems Engineering, 2016.

[4] 樊骅，时春霞，恽燕春，等. 预制构件双 T 板专用减振搁置架的有限元分析［J］. 建筑施工，2018，40（8）：1468-1469，1473.

[5] 朱海，廖显东，陈新喜，等. 大型预制构件无损运输措施［J］. 施工技术，2018，47（10）：16-19.

[6] LI C, LONG L, MA Y, et al. Damping buffer stack precast laminated slab has supporting pin provided with steel pin, supporting leg fixed on lower bottom surface of supporting frame, and elastic thorns uniformly distributed on upper surface of supporting frame: CN205854927-U [P]. 2017.

[7] 马昕煦，廖显东，朱海，等. 建筑工业化建造模式与技术探讨［J］. 城市住宅，2018，25（1）：12-17.

[8] 安建良. 装配式混凝土综合管廊施工技术及其制约因素［J］. 建筑施工，2017，39（9）：1358-1360.

[9] 于江龙，惠毅，周煜. 装配式建筑施工安全管理风险与对策探析［J］. 地下水，2022，44（5）：305-306，313.

[10] 陈玲钰，张朝弼，姜冠岫. 基于 BIM 与 RFID 技术的装配式建筑全寿命周期管理［J］. 重庆建筑，2020（19）：18-19.

[11] 王娟，陈晓旭，赵蓓蕾. BIM 技术在装配式建筑中的应用研究［J］. 城市建筑，2019（16）：114-115.

[12] 沈应杰. 基于 BIM 技术的装配式建筑成本管控［D］. 长春：长春工程学院，2021.

[13] 杨文超. 基于 BIM 技术的绿色建筑材料管理研究［J］. 中国建材科技，2019，28（2）：31-32.

装配式地下综合管廊施工阶段绿色管理

装配式管廊是以政府为主导的城市基础设施建设工程，受到全社会的广泛关注。装配式技术实现建筑的工业化生产，具有重要的社会和经济意义，能很好地解决传统现浇作业生产方式中存在的资源消耗高、环境污染严重、劳动力成本高、生产效率低等问题。其预制构配件在工厂中大批量生产，最大限度降低了各类不利因素对施工安全、质量及进度等方面的影响。装配式管廊的施工方式有利于节能和环保，与绿色建筑施工的“四节一环保”目标高度契合，为项目绿色施工创造了全新的方式。

6.1 传统施工阶段绿色管理概述

6.1.1 施工阶段绿色管理发展现状

在新时代背景下，我国建筑行业的发展面临选择，从“节能减排”演变而来的环境保护、文明施工行为助推“节约型工地”的出现，衍生出“四节一环保”的建造理念和要求。为此，施工阶段绿色管理的发展演变可以简单地从节能建设、文明施工、环境保护、绿色建筑四方面进行概括。

从宏观层面强化环境保护、节能减排，其发展历程见表6-1。

宏观层面环保节能发展历程　　表6-1

时间	相关法律法规及政策	特点
20世纪70年代	我国陆续颁布了《中华人民共和国环境保护法》《节约能源管理暂行条例》《中华人民共和国环境保护标准管理办法》《中华人民共和国水污染防治法》《中华人民共和国环境噪声污染防治法》《中华人民共和国水污染防治法实施细则》《中华人民共和国大气污染防治法实施细则》《节能技术政策大纲》等	强调节能减排和环境保护工作的重要性

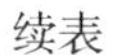

续表

时间	相关法律法规及政策	特点
20世纪90年代	我国发布《中国21世纪议程——人口、环境和发展》及《中国21世纪初可持续发展行动纲要》	提出可持续发展理念，进一步助推节能减排和环境保护工作的发展
1997年以后	我国相继出台了《中华人民共和国节约能源法》《中华人民共和国清洁生产促进法》《节约用电管理办法》《关于做好建设节约型社会近期重点工作的通知》等相关法规及政策	进一步细化可持续发展理念，使之贯彻落实到社会建设的各个方面，强调提高核心资源的利用率

随着人们环保意识提高和建设市场规范程度加强，从 20 世纪 80 年代开始，工程项目施工要求由质量、安全扩展到了安全文明施工、环境保护、节能减排、绿色施工等各方面。其发展历程见表 6-2。

工程施工层面环保节能发展历程　　表6-2

时间	相关法律法规、标准及政策	特点
20世纪90年代	《环境管理体系 规范及使用指南》GB/T 24001—1996、《建筑施工场界噪声限值》GB 12523—1990	对建设工程领域安全文明施工要求和规定以标准、规范、行业要求等形式进行定位，强化了对施工现场安全、文明施工、环境保护的要求
2000年	增加安全文明施工费	对建筑工程等一些领域提出了节能减排的要求，极大地推动了施工企业的安全文明施工工作开展
2004年	建设部正式设立国家绿色建筑创新奖	我国正式进入绿色建筑推广期
2005—2006年	《绿色建筑技术导则》及《绿色建筑导则》	标志着我国建筑业对绿色建筑的推行正式启动
2010年	《全国建筑业绿色施工示范工程验收评价主要指标》及《全国建筑业绿色施工示范工程管理办法（试行）》	将“绿色施工技术”这一重大技术增加到“10项新技术”中，包括施工过程水回用技术、基坑封闭降水技术等多个子项； 在建筑工程领域内组织开展了全国建筑业绿色施工示范工程活动，建筑施工领域进入绿色施工、绿色建造强化推广阶段
2012年	《关于加快推动我国绿色建筑发展的实施意见》	通过完善标准和评价体系、建立财政激励机制等综合手段，促进相关科技进步和产业发展
2013年	《绿色建筑行动方案》	切实转变建筑业发展模式和城乡建设模式，提高各类建筑利用效率，积极应对全球气候变化，实现节能减排的约束性目标，建设环境友好型、资源节约型社会；加强生态文明体系建设，大力发展绿色建材，加快绿色建筑相关产品和技术的开发和推广，促进建筑垃圾的合理利用和建筑产业化的发展
2015年	《被动式超低能耗绿色建筑技术指导》	详细介绍有关设计、运营、施工以及评价的关键内容和技术要点，大力促进了国家绿色建筑的发展，为全国范围内绿色建筑的建设提供指导
2016年	《建材工业发展规划（2016—2020）》	绿色建筑材料的推广充分回应了国家提倡“绿色建造”的号召，推动了我国绿色建筑材料的生产与应用

续表

时间	相关法律法规、标准及政策	特点
2017年	《“十三五”节能减排综合工作方案》及《建筑节能与绿色建筑发展“十三五”规划》	大力实施绿色建筑产业链的发展计划，进一步推行绿色施工的方式，大力推广绿色建筑材料的生产与使用；将推动重点区域、城市以及主要建筑类型以实施绿色建筑标准作为目标，推进绿色项目建设，力争绿色建筑发展规模实现倍增
2018—2019年	《绿色建筑评价标准》GB/T 50378、《海绵城市建设评价标准》GB/T 51345等10项标准	为我国工程建设高质量的发展指明了方向
2020年	《绿色建筑创建行动方案》	目标是到2022年，城镇新建建筑中绿色建筑的面积占比应达到70%；稳步提升装配式绿色建筑质量，持续加大绿色建造方式的推广力度
2022年	《“十四五”建筑节能与绿色建筑发展规划》	到2025年，城镇新建建筑将完全采用绿色施工的建造方式，全面建成绿色建筑，建筑结构能耗将逐步得到优化，碳排放的增长趋势将得到有效控制，为2030年碳达峰前的城乡建设打下坚实基础

6.1.2 传统施工阶段绿色管理特点

目前，将传统施工方法与施工阶段绿色管理的发展状况相结合，具有如下特点：

（1）节约资源。施工过程需要大量的资源和能源投入，其中许多资源是可再生的，这是施工阶段绿色管理的一大主要特点，即节约资源。因此，需要把“四节一环保”设为贯穿项目建设进程始终的主要原则，完善施工现场管理制度。根据国家和地方出台的可持续发展办法，研发并落实一套行之有效的施工过程绿色管理措施，以最大程度地节约成本。如根据项目的具体条件，科学制订能耗指标、合理使用设备和机械；通过有序安排施工顺序和工作面，尽可能在不同区域共享资源、优化线路布局，减少不必要的损失等。

（2）保护环境。施工阶段绿色管理的主要目的是保护环境。尽管工程项目数量逐渐增加，但是传统工程项目对于相关使用资源并未进行整体规划，实际建设中出现了很多环境污染和资源过度使用的问题，导致较多自然灾害发生。施工阶段绿色管理理念的提出，有助于施工企业不断提高自身施工技术和管理水平，并对资源节约和环境保护起到很好的作用[1]。施工阶段绿色管理要求保护环境和节约资源，制订环境保护措施，控制建设过程中产生的水、光、噪声以及其他污染，切实做好环境保护工作，有效避免传统施工过程中的大量污染和浪费。

（3）经济高效。实际施工过程中能源利用率较低且消耗较大，因此，通过施工阶段绿色管理，可以有效提升工程整体质量，减少施工当前和后续的环境污染和资源消耗问题。环境保护工作不仅要立足于当下，更要规划好未来；施工阶段应落实“四节一环保”，提升施工人员的环保意识，对建筑垃圾进行收集再利用，减少资源浪费，同时达到提高经济效益的目的。

（4）内在统一，技术辅助。绿色管理贯穿于整个项目施工过程，包括前期规划、生产、现场施工到竣工验收和评估等环节。施工阶段绿色管理过程改变了原有的施工方式，随着计算机和相关操作软件的发展，依托于信息技术的辅助，不仅可以解决施工过程中产生的复杂问题，减少各种各样的损耗，还可以在项目管理层面上有效实现项目的动态监督。施工阶段绿色管理利用最新的技术手段不断改进和优化传统施工管理方法，为促进环境友好型、资源节约型社会建设，推动绿色施工技术发展，构建可持续发展的绿色管理制度和体系，加强环境保护和资源节约力度，担负起社会责任[2]。

6.2　装配式管廊施工阶段绿色管理概述

6.2.1　装配式管廊施工阶段绿色管理内容

管廊施工过程中以减少材料消耗为核心，同时，减少有害原材料的使用，减少能源的消耗和废弃物的产出；加强对原材料投入及施工产品处理的全生命周期管控，避免对环境产生不利影响[3]。

装配式管廊施工阶段绿色管理是在整个施工过程中创新管理思想，落实可持续发展理念，并将该理念作为环境战略部署的核心内容，对整个施工流程进行把控，加快施工工艺、施工技术、施工材料和设备的改进，不断提升生态效率，创设良好的环境。

根据装配式管廊施工特点，参照《建筑工程绿色施工规范》GB/T 50905—2014的要求，装配式管廊施工阶段绿色管理是一个PDCA（Plan，Do，Check，Action）循环过程，主要包括体系管理、策划管理、实施管理、检查评价管理、人员安全和健康管理等内容。

1. 体系管理

1）建立绿色施工管理体系，并制订相应的管理制度，包括环境调查制度、方案制度、会议制度、补充详细勘察制度、应急演练和回应管理制度等。

2）确定各个分部分项工程绿色施工、监督和检查责任人，建立绿色施工管理组织机构，实行岗位责任制，并明确具体绿色施工责任。

3）项目部的安全文明施工与绿色施工管理体系充分结合，避免出现由于体系割裂而不利于工程开展的情况。

4）项目部配备监测、检测和计量仪具，或委托有资质的相关单位进行监测和检测工作。

5）将绿色施工技术纳入工程项目技术攻关和科技创新体系进行管理。

6）项目部建立环境监控监测系统、绿色施工信息管理系统。

2. 策划管理

1）开工前，编制“绿色施工专项方案”或“绿色施工策划”等。绿色施工方案包括体系、目标、制度、检查评价、持续改进措施等，对绿色施工的影响因素进行分析，并制订具有针对性、合理的评价方案和实施对策。

2）在绿色施工方案中，提出施工组织优化及工法优化的整体思路，以便日后根据实际施工情况加以调整和优化。

3）绿色施工方案中，对于涉及环境、资源风险管理和环境、资源保护的内容应编制专项方案，主要包含风险因素的识别与评价、确定管理方案和管理目标、方案实施与实施效果验证、应急回应和应急演练等。

3. 实施管理

1）对施工的全部过程进行动态化管理，加强对施工策划、施工准备、材料采购、现场施工、工程验收等各阶段的管理和监督。

2）根据绿色施工要求，进行施工图纸深化设计。

3）结合工程项目特点，有针对性地开展绿色施工宣传工作，营造绿色施工氛围。

4）定期对职工进行绿色施工知识培训，增强职工绿色施工意识。

5）依据国家法律法规等相关要求，采取先进的技术手段对施工风险实施信息化动态管理；充分利用实时监测数据，对可能发生的风险时间进行预判和分析，对各类施工风险进行动态跟踪和及时处理；制订紧急突发事件的应急预案，储备应急设备和物资，并定时进行应急演练，保证在危险事件突发时能及时处理。

6）加强绿色施工新技术推广应用并分析总结。根据实际施工情况和要求，选择合适的施工工艺并不断优化，或者在必须满足建筑行业要求的前提下对传统施工技术进行改进或创新，采用符合绿色施工要求的新技术、新工艺、新材料、新设备，对不符合绿色施工要求的予以限制和淘汰。

7）建立材料盘点、配额收集、机械设备维修、建筑垃圾回收的记录和台账；编制绿色施工过程记录、分析、检测等方面的音像档案和资料；收集和维护与整个施工过程管理相关的信息，如自检和评估记录、见证信息和其他绿色施工信息。

8）定期对绿色施工实际情况进行检查和监测，跟踪绿色施工目标的完成情况，为持续改进提供依据。

9）设立投诉平台，积极处理收到的各种投诉，建立各参与方沟通协调机制。

4. 检查评价管理

1）建立外部和内部评价制度，结合具体项目并参照《建筑工程绿色施工评价标准》GB/T 50640—2010 的要求，合理地设置检查项目，由各单位提出修改意见，形成适合于管廊施工阶段绿色管理评价的对应标准。该标准应涵盖不同工点及工法的全过程，适当地提高环境保护和资源节约指标的权重。同时，在对环境保护和资源节约风险控制要点分析的基础上，设置检查要点，鼓励创新绿色施工技术，充分发挥绿色施工特点，从而对整体绿色管理效果进行评价。

2）定性与定量兼顾。将绿色管理整体呈现效果与绿色施工效果综合考量，评估施工

阶段绿色管理目标的实现情况。

3）项目部根据装配式管廊施工项目的绿色评价情况，提出合理、有针对性的改进措施。

4）对检查和评价资料进行收集并存档。施工过程中需接受质量技术监督部门、环保部门的专项检查；应设置专门的检查人员，参考现场作业的基本情况，每周进行检查报告的反馈，做好信息的汇总工作；明确绿色作业岗位的奖励机制和方式，给予遵守绿色施工、为绿色施工做出贡献的人员相应的奖励[4]。

5. 人员安全和健康管理

1）针对高温、振动、粉尘、辐射、毒气、噪声等职业危害，制订具有针对性的防范措施和配备先进的劳动保护设备，为施工人员的身体健康提供保障。

2）避免生产建造活动对办公和生活造成不良影响，合理规划施工场地的施工区域、生活区域和办公区域。

3）建立防疫、保健、卫生、急救等制度，在工地上配备专职或兼职的医务工作人员，定期安排施工人员进行身体检查。同时，建立应急准备、应急演练、特种作业持证上岗等制度。

4）遵循“以人为本”的理念，保障施工场所生活与工作环境的健康和卫生秩序。加强对施工人员居住场所的环境卫生、饮食健康等方面的管理，改善施工人员的生活质量和工作条件。在工作现场设置完备的安全防护措施，使施工人员的工作环境不断得到优化，减少施工场所的不安全因素。

6.2.2 装配式管廊施工阶段绿色管理问题

1. 施工阶段绿色管理全面推进工作不足

1）建筑垃圾处理工作不完善

管廊施工会产生大量的泥浆、废土和建筑垃圾，而目前我国建筑垃圾利用率不到15%，大多数废弃物被直接输送到弃土场或垃圾场。但即便废弃物按照规定运输到指定土场或垃圾场，也会给环境保护和治理带来负担。事实上，通过一系列有效、合理的手段或技术，废弃物也可以转换成有用资源，然而多数地方在规划、统筹、引导和监督方面均存在不足，没有重视废弃资源的有效回收利用，导致施工阶段绿色管理进行不彻底。

2）设计工作与施工工作脱节

大多数管廊工程实行设计和施工分包模式，造成设计与施工脱节。例如，设计单位不能全面考虑施工单位的施工能力和技术水平，导致设计时趋于保守；由于赶工期和节约成本，施工单位在施工过程中并未完全按照规范和设计执行。因此，传统的设计、施工由多家单位分别承包的模式，不利于施工工法优化和创新。设计施工总承包模式有利于综合考虑项目从设计到施工阶段的总体风险，应依此选择最适合的工法进行设计。

3）施工工艺和技术落后

管廊工程具有技术复杂、费材费料、大型机械设备多等特点，这些特点所对应的部分施工工艺、施工技术仍较为落后，不能满足绿色管理的要求。

4）施工环境不良

管廊施工作业环境不良，降噪、排水、通风、减振等前期工作需要投入一定的费用和设施，但施工单位往往为节约成本而不愿意加大投入，导致管廊内外施工作业环境对施工及管理人员的健康造成严重损害。

2. 施工阶段绿色管理认识不全面

1）部分施工企业认为只要实行封闭施工，没有出现尘土污染与噪声污染，就达到了管廊绿色施工的目标。然而，绿色施工技术除了减少环境污染、实现运输清洁、封闭施工、减少噪声污染及扬尘污染等，还需要尊重基地的环境，结合当地实际地质条件与气候情况进行施工，尽可能减少能源消耗，减少废弃物填埋数量，保证生产活动安全性，以此不断提升施工质量[4]。

2）管廊施工工期长、参与单位多、工作方法多、工作要点多，导致大多数施工企业对绿色施工的认识浅显，只注重绿色施工技术亮点的塑造，忽视绿色施工全过程管理这一目标；只关注要实现的某单一目标，忽视项目进度、安全、质量、成本及总体目标的实现。

3）为了达到施工项目效益最大化，建设方、施工方往往存在赶工期行为，导致在节材、节能和环境保护等方面达不到相关标准。同时，在赶工期间还存在很多不文明、不安全、不符合环保要求的违规行为，给安全生产和环境保护埋下隐患。

4）管廊施工的突出特点是环境和安全风险大、不可预见因素多、控制困难、发生事故损失及影响大。施工单位通常只简单考虑施工过程中的资源节约和环境保护，没有真正理解施工阶段绿色管理主旨，也没有真正重视绿色施工过程中对于环境和安全风险的管理。

3. 信息化推进缓慢

信息化施工是指在项目建设过程中利用计算机、大数据和网络，对建设过程进行存储、分析、处理及反馈的施工模式，未来建筑行业应更注重信息化的发展态势。目前，管廊项目的信息化主要集中在施工安全风险控制、项目管理、信息监控等方面，忽视了其他阶段。此外，信息化技术在管廊工程中的应用起步较晚，尚未延展应用到全寿命周期过程。

4. 成本提高导致施工单位积极性降低

绿色施工技术需要不断地增加人员投入与设施投入，并对施工时间进行合理的调整，因而导致成本提高，而施工单位的目标是在规定范围内，以最少的成本完成建设活动，使施工单位的主动性和积极性有所降低。

5. 施工阶段绿色管理相应制度较为缺乏

首先，行政管理部门对于施工现场管理缺乏有效的制度体系与高效的管理手段，通常仅检查项目是否实行文明施工，无法作为管廊绿色施工的基础标准。其次，工程建设企业绿色管理体系流于形式化，没有推行绿色施工制度[3]。

6.2.3　装配式管廊施工阶段绿色管理措施

1. 施工结合气候和环境条件

施工单位必须充分考虑施工现场的气候条件和施工区域水文地质条件、周边环境特点及影响，选择合适的施工方法（降排水方法、开挖支护方法）、技术措施、施工工艺及施工机械，对施工现场组织严格的勘测。与此同时，应注意减少对周边环境的干扰或破坏，力求经济、节约及高效。

2. 注重环境保护

装配式管廊施工阶段绿色管理需对环境和资源进行有效的管理，通过绿色材料使用，保证装配式管廊后续运营维护中不会对环境造成污染，并在满足施工条件的情况下尽量降低资源的消耗。为保证装配式管廊施工完成绿色目标，在组织施工前，需针对施工场地、使用材料和施工人员制订科学合理的施工阶段绿色管理计划。为更好地实践施工阶段绿色管理理念，一是保证采用的各种技术不会出现污染环境的问题，二是对污染问题进行合理、有效的事前控制，减少对周边环境的相关污染[1]。

1）施工环境管理措施

（1）环境调查：施工前对施工区域、周边建（构）筑物、周边地下管道进行详细勘察，结合实际情况编制项目的勘察报告。首先，明确项目建设方、监理方、施工方等各方主体间的关系，同时明确所建项目与周围现有环境的关系，涵盖所建项目的用途、高度、结构状态以及沉降与倾斜情况、平面图纸、竣工图等。其次，针对周边建（构）筑物，在明确上述概况后，仍需要查明其产权单位、结构尺寸、埋深程度、沉降等情况。最后，需要查明管廊等地下建筑物的覆土厚度、埋深、平面位置、敷设管线等相关信息，及时协调沟通相关部门，确保对信息的把控和掌握。有特殊要求时，可以借助专业检测与鉴定机构，对结构安全性做出综合评估。环境调查可以外包给具有相应资质的专业单位进行，对于可能发生的争议和纠纷，应在各方人员的见证下留存相关证据。

（2）施工前应对施工现场进行详细的地质勘察和地质补勘工作，充分掌握施工区域的地质和水文条件。

（3）推进环境管理体系的运行，对环境因素进行识别和评价，明确管理体系的目标和评价指标，制订针对环境的管理方案并保障其实施和运行；在过程中定期检查实施效果，发现问题时应及时提出相关的改进措施。

（4）借鉴安全风险管理中的识别、评估、控制和技术选择四大步骤对环境风险进行管理。

（5）制订相关环境管理应急预案、专项管理方案和专业监测方案，定期组织应急演练。同时，相关环境监测应配备专业机械器材和应急储备物资。

（6）根据项目实际情况合理选择施工工艺、方案、机械等，合理设置施工参数，利用信息化手段指导施工全过程。

（7）保证环保标识在施工现场清晰可见。

2）扬尘和废气控制

（1）运输垃圾、土壤、物料和可能泄漏的物资时，应使用低振动、低噪声的工程机械，如无声振捣设备；必要时，施工机械应采取隔振隔声措施，如微孔消声器、阻尼消声器等；用于施工的机械和设备必须定期维护和检修；机器不使用时，必须关闭。

（2）施工车辆进出施工现场时，不得鸣笛；现场作业应采用对讲机来传达指令。

（3）拆除作业时应采用高效的机械设备和方法，营造低噪声、低粉尘作业环境。

3）光污染控制

（1）根据周边环境和现场条件，采取相应的措施减少或避免施工过程中带来的光污染。

（2）作业时应选择符合照明要求且无眩光的新型灯具，夜间室外照明灯加设灯罩，光照方向应避免未建区域。

（3）焊接作业和大型照明灯具必须遮挡，防止电弧光外泄。

4）水污染控制

（1）施工现场应设置排水排污系统，排放的污水必须符合《污水综合排放标准》GB 8978等的要求；有资质的单位负责检测废水、污水水质并提供水质检测报告；施工现场使用非传统水源或现场再生水时，应根据实际情况进行水质检测。

（2）居住区和办公区应配备与施工现场相适应的污水处理设施；排水管道和下水道应设置过滤和沉淀装置；餐厅必须安装隔油池，固定厕所应配有化粪池，隔油池和化粪池做防渗处理并及时清洁、运输和消毒；施工现场使用的临时厕所应由专业人员定期清洁。

（3）基础工程施工和岩土地质勘察时应避免污染地下水源。

（4）施工时应采用阻水效果好的边坡支护技术，尽量减少抽取地下水，必要时采取回灌措施并保证回灌水的水质。

（5）废弃的化学溶剂和油料应集中收集处理，不得随意丢弃，必要时安排专门的储藏室存放化学溶剂和废弃油料；储藏室地板应做防水处理。

（6）对易挥发、高污染性的液态材料应使用密闭容器进行存放。

（7）使用或维修工程机械设备时应注意控制油污，清洁机器和设备产生的废水和废油不得直接排放；为减少环境污染，盾构法施工时应使用可降解的环保油脂和泡沫，污泥排放应符合施工所在地的相关规定。

（8）喷涂作业时采用耐火、无污染的材料，减少油漆浪费和环境污染；喷涂防火涂料时，必须采取措施防止油漆泄漏。

5）建筑垃圾控制

建筑垃圾必须实行分类收集、定期集中处理并合理回收利用，同时制订专门方案，实现资源节约和建筑垃圾减少的目的。

（1）产生的废弃物必须单独存放并及时处理；有毒有害废物必须按照专业方法分开存放，并标有明显标识。为便于建筑垃圾的集中收集、储存和运输，建筑工地应设有垃圾房或封闭式垃圾箱。

（2）建筑垃圾的回收利用率应保持在30%以上；回收利用的混凝土渣、渣土、碎石等建筑垃圾，可用于铺筑临时道路及地基填埋等。

（3）清扫建筑垃圾时，不得从洞口、窗户、阳台等处随意乱扔，应采用封闭式运输。

（4）油漆、接缝材料、乙炔、防腐剂、注浆材料、堵漏材料等危险品的运输、储存和使用应采取隔离措施，污染物排放需符合国家现行相关排放规定。

（5）施工过程中产生的泥浆应设置专门的泥浆池。

（6）选择机械设备时，应优先考虑不用或少用泥浆的设备，同时采取泥浆分离措施，保证泥浆可以循环使用。

（7）回收废墨盒、废电池、废油漆等有毒有害物质时必须密封。

（8）脱模剂应选择环保产品，并由专人涂装后保存，未制作的部分应及时回收利用。

6）土壤保护

（1）为了防止土壤流失或土壤侵蚀对地表环境发生破坏，作业时应采取边坡加固、建立地表排水系统、植被覆盖等有效措施；施工结束后，应对受到破坏的植被进行合理恢复或绿化。

（2）化粪池、隔油池和沉淀池应确保没有泄漏、溢出或堵塞，沉积物必须及时清空，并由专业单位负责清理和运输。

（3）油漆、墨盒、电池等有毒有害废物应回收并交给有资质的专业单位处理，不得与其他建筑垃圾混杂运输，以免造成土壤和地下水污染。

（4）施工结束后应及时清理、恢复项目场地。

7）原有地下资源保护

（1）结合地质勘察资料和实地调研结果，有针对性地制订资源保护方案，切实保障原有地下资源，同时保证施工场地周边建（构）筑物、管道设施的正常运营，做到新建项目与原有地下资源并行不冲突。

（2）施工过程中如发现墓葬文物等，需及时叫停现场施工并立即向上级单位报告，保护好施工现场，直至相关主管部门给出处理建议再进行后续处理。

（3）对需要原地保留的古树名木，在获得相关主管部门的批准后，应采取有效的保护和避让措施，划定保护区域；对古树名木进行迁移应按规定办理移植手续，并由专业人员组织实施。

（4）施工作业与地表遗产发生冲突时，应实施文化遗产主管部门批准的原址保护方案，确保地表遗产不受破坏。

3. 节能和资源利用

1）节能总体要求

（1）合理改善能源结构，尽可能地使用气、电等高效环保能源，并注意提高能源利用率。

（2）根据负载情况，选择容量适合的变压器进行电力负载，并采用补偿装置的变压器，使其在高效低耗区内运行。

（3）避免设备出现超载或负荷过低的使用现象，多采用较轻材料，减少材料在运输、装卸和使用过程中的能源消耗。

（4）做好分区控制与计量，对各区域中涉及的各类大型设备用电进行计量控制。定期测量、计算、比较和分析临时用电量，并采取合理的预防和纠正措施。同时，施工机具按照“一机、一闸、一箱、一漏”配备。

（5）对施工顺序和工作面的安排做到合理、高效，减少机具数量，尽可能实现不同区域间的资源共享，优先考虑消耗较少能源的施工技术。

（6）选用变频技术的节能灯或节能的施工设备，尽量选取节能环保、高效耐用的施工机械器具，以实现节约用电的目标。

（7）优化线路选择和线路布局，尽量减小用电设备与配电箱之间的距离，减少无用损耗。

（8）根据地质情况及环境条件，分析、优化并合理设置施工机械器具参数。

2）施工机械设备节能

（1）建立完善的施工机械设备管理制度、维修保养管理制度，按时登记机械设备的动力和能耗，并定时分析机械用电、用油等情况；完善机械设备档案并做好维修保养工作，确保机械设备的高效低耗运行。

（2）为防止机械设备的非正常运行，应选择功率与负载匹配的工程机械设备。

（3）尽量提高用电设备功率参数，减少用电设备的无用损耗，采用带补偿电容器的用电设备。

（4）尽量使用便携式电动工具、逆变式电焊机等节能机械设备。机械设备应使用节能型油量添加剂，并考虑机械设备的回收；管廊内应尽可能使用电气设备，以避免燃料污染空气。

（5）可以与厂家合作开展盾构机、成槽设备等大型机械设备的节能研究。在盾构施工过程中，设备的使用需由操作人员进行严格控制，对不使用的机械设备及时关闭；根据施工区域的地质条件选择合适的盾构机和刀片，及时更换刀具；利用减磨修复技术可延长盾构机在恶劣工况下各个齿轮的使用寿命。

（6）开挖前，应计算和分析合理的开挖量和回填量，考虑场地内土石的有效利用、最短运输距离和工序衔接；废弃土应尽可能部署和使用，并就近处置。

（7）当机械设备运行时应有专业人员值班，且保证只有当使用时才开启；当工作人员离开机器时，在保证安全的前提下应停止机械运转，减少空载运转情况；使用自动控制设备时，应经常检查控制系统的有效性，及时处理异常情况。

3）临时设施节能

（1）根据所在区域的自然气候条件，合理选择临时设施的尺寸、间距和朝向，保证良好的阳光和通风，满足防火要求。在炎热地区施工作业时，应根据需要为外窗提供遮阳装置。

（2）墙体、屋面应采用节能型材料，限制供暖和制冷设备的使用时间及设备能耗，推广采用便于安装的预制集成板房。

（3）尽量利用自然通风，合理设置供暖通风设备数量，分时段使用，并配备专人监督管理；临时设施规模较大时可采用集中供冷（供暖）、分户控制的方式，避免浪费。

（4）选择使用节能电缆、节能灯及高效光源，采用声控、光控或时控等非人为干预的手段进行限电、限时。

4）临电及照明

（1）合理配置用电设备和家用照明设备，禁止使用电炉等不节能的大功率电器，严禁乱接电源线。

（2）根据安全防护要求选择合适的电缆断面，合理设计与布置临时用电线路。

（3）照明设计在保证安全的前提下应满足最低照度要求，在疏散通道处应设置应急指引和应急灯。

（4）照明应采取反射、折射等方法，尽量利用自然光照明。

5）能源利用

太阳能、风能、热能等可再生能源，建设区条件允许情况下均可以作为替代能源。

4. 节地及土地资源利用和保护

1）用地保护

（1）基坑设计和施工方案应有效协调，尽量减少开挖填土工作；在现场挖掘和回填之间取得平衡，减少土地资源浪费。

（2）临时占用红线外区域时，尽量利用荒地区域，避免占用耕地；建成后，应迅速恢复地形原貌，并通过绿化改善区域。

（3）保护并利用施工区内原有的绿色植被。

（4）减少场地硬化，恢复植被地面。

（5）桩基等结构工程使用预拌砂浆、商品混凝土等基础砌筑材料，禁止使用实心黏土砖等黏土材料，以节约土地资源。

（6）对施工活动产生的各种垃圾集中进行收集、清理、处理。

（7）施工过程中应尽可能地减少对矿产资源的损耗，选择可再生材料或替代品。

2）用地规划和总平面布置

（1）选择节地型施工工艺、设备，减少占用土地。结合现场条件及施工要求等因素合理确定临时设施的布置，临时设施应尽量轻量化、可移动。临时设施的占地面积按用地指标所需的最低面积设计。

（2）合理规划施工场地。在保证安全文明施工与环境保护工作顺利推进的基础上，尽可能做到地尽其用、协调有序、不浪费边角场地，科学、有序、合理地对施工总平面进行管理。

（3）在满足安全的情况下优先考虑使用原有的厂房、房屋或已建成的建筑物，避免或减少重大场地搬迁和临时建筑物拆除。

（4）搭建生活区域和临时办公场所宜选用轻便易拆卸的装配式板房。采用美观、经济、易拆装的装配式结构，对周边地貌环境影响较小，占地面积少，方便多层搭接。

（5）区域分明。临时生活区与生产区应设置围栏或围墙等设施，便于分辨和布置；施工现场与周边应采取有效的隔离措施，如采用轻钢结构的装配式连续封闭活动围栏等；临时占用道路时必须保证行人和交通安全。

（6）遇到场地问题时，可以采取基坑上加盖道路和设置场地的方法。

（7）为减小运输距离，工地仓库、搅拌站、工棚、料场、加工厂等场所应尽量靠近路边布置。

（8）钢架加工及钢筋应优先采用集中加工和集中配送的方式。

（9）施工道路应充分利用现有进出道路，其布局应符合临时道路与永久道路相结合的原则。

（10）对建筑材料的临时储存应采取 JIT（Just In Time）方式进行管理。主要原则是将材料按使用先后顺序、类别进行统筹堆放，避免材料堆放杂乱，易于取出，节约场地空间。

5. 节水及水资源利用和保护

（1）对于装配式管廊基坑开挖过程中产生的土方垃圾以及结束后的弃置场地，应采用相应污染防治措施，并进行规划协调，优先选用全套筒钻机施工、干法砌筑、长螺旋钻施工等方法；对于大量耗水的注浆施工、打桩作业，应合理选择砂浆配合比，采取废浆控制、处理和循环利用工艺，节约用水。

（2）施工现场洗车、喷洒路面、冲厕、绿化浇灌不宜使用市政自来水，推荐使用雨水、基坑降水等非传统水源。

（3）加强节水管理，制订有效的节水方案。采取有效措施减少耗水装置和管道的泄漏，杜绝水滴、气泡、渗漏、滴漏等现象的出现；定期对施工人员进行节水教育。

（4）施工现场必须建立水的收集、处理和使用系统，实现水资源的循环利用。应为现场车辆、设备和机器的洗涤水设置水循环系统。

（5）现场供水管网应根据用水量进行合理布置，合理设计管径，方便后期管道保护。

（6）临时用水采用节水型产品和节水系统，分区设表计量。根据不同的工作区域，设定办公区、居住区和生产区的用水定额指标，并分别对每个区域进行计量管理。

（7）签订聘用合同或分包合同时，应将用水指标作为考核指标列入合同条款并定期考核。

（8）了解项目周边及施工范围内的排水管道状况，提前进行预防保护。

（9）基坑降水应采用闭坑降水，同时增加施工排放的地下水；施工过程中，根据水位和施工进度对降水井进行自动控制；抽水可能对周围环境产生不利影响，不能采用基坑降水时，必须采取地下水回灌措施，防止污染地下水。

（10）使用现场循环再利用水和非传统水源时，做好卫生防疫措施，按规定对水质进行检测，水质须满足相关要求，避免损害人身健康以及污染周围环境。

6. 节材及材料资源利用

1）节材管理措施

（1）节材与材料资源利用的内容应在图纸审查阶段提出来。

（2）充分利用本地资源，就地取材，减少运输成本和能源消耗，尽可能使用绿色环保的建筑材料。

（3）选择工法、机械设备、施工方案时，应满足方法适合、工艺先进、节约材料的要求，使用节材型的施工机械设备。

（4）选择绿色、环保的建筑材料，尽可能地减少能源的消耗，如采用高强度钢材、高强度钢筋、高性能混凝土等材料，选择高效的支架及模板体系；制订施工组织安排，加强周转设备的保养维修和周转次数，如脚手架、模板等。

（5）根据库存情况、施工进度合理安排建筑材料的进出库；建立材料使用奖惩制度、材料定额领料制度、材料盘点制度，定期分析材料使用情况，并制订具体的节材措施；为了避免材料丢失，需要加强安保工作；强化材料存、发、用、收各阶段的管理，落实材料管理责任，建立完善的仓库保管与材料管理制度。

（6）材料运输和装卸前，选择适合的运输工具和装卸方式能够很好地避免材料损失和损坏情况的发生。材料堆放应合理、有序、整洁，减少和避免意外损失和二次搬运，遵循“就近原则”装卸材料。

（7）加强施工人员的操作水平管理，最大限度地提高施工效率，保证施工活动质量，做到“工完料尽”，尽量避免复工现象。

（8）为了尽可能减少材料对环境造成的污染问题，在施工过程中应尽可能选择不会影响人体安全的材料，优先考虑使用可循环利用的施工材料，避免使用对环境产生较大负荷的材料。针对无法再次回收利用的材料，做好分解处理的工作，避免产生大量的建筑垃圾[4]。针对剩余材料或废旧余料，制订回收利用措施。

（9）将盾构产生的泥浆进行处理，替代膨润土作为盾构注浆。

2）钢筋及钢材节约

（1）使用辅助手段优化钢筋使用方案，复杂节点的钢筋安装可以通过BIM技术指导。

（2）确保钢材半成品或原材料存放整齐有序，存放环境适宜，采取措施防止污染、锈蚀和受潮；建立健全钢材库存和储存制度。

（3）对焊剂、扎丝等材料应做到妥善使用和保管，散落的废料要及时收集以便后续利用。

（4）优先选用高强度钢材、高强度钢筋等，在结构中应采用预应力技术以减少钢筋耗费。

（5）推广使用钢筋工厂化生产、预制和加工配送技术。

（6）在施工技术允许的情况下，应充分利用钢材、钢筋施工过程中产生的废料和余料。

（7）结合钢材加工、运输、安装、焊接等过程的要求，在钢结构深化设计时，应优化节点结构，合理确定分段的数量和位置，减少用钢量；钢结构改造前应制订减废计划，充分利用剩余材料，减少报废；钢材垃圾应分类收集，集中堆放，定期回收。

（8）合理选择钢结构的制作安装方式；大型钢结构建议在预制工厂制作，且现场组装应采用机械安装。

（9）采用 BIM 等仿真技术对复杂空间钢结构制作、安装、施工过程进行模拟。

3）模板、架料等周转性材料节约

（1）优化框架和模板解决方案时，尽量选择周转率高的支撑和模板系统；采用新的模板材料和工具模板时，尽量选用玻璃钢、铝合金和可回收塑胶等材料作为模板；采用模板系统，例如清水混凝土模板、单侧整体式模板和台车。

（2）采用具备管扣一体化特征的脚手架和支撑体系，如碗扣式、承插式等，可以减少材料损耗，增加周转次数。

（3）合理处理模板、木方等材料的接头，以便重复利用。

（4）对架料、模板等材料应合理存放、调配并使用，同时做好材料的维护与保养。

4）基坑支护材料节约

（1）选择合理的止水方式、基坑支护和适宜的施工工艺，如长螺旋钻、全套管桩机、旋挖钻机等机具，可以减少围护桩的混凝土损耗，并利用支护结构作为永久结构。

（2）对围护结构采取有效措施以防止孔壁坍塌。

（3）由于基坑土方自身承载力大，可以优先用作施工便道；临时场地或便道可以依托支撑结构来实现。

（4）合理利用基坑降水。

（5）定型钢支撑、可回收型锚索等技术的采用。

5）建筑围护材料节约

（1）优先选用耐久性好、高效节能的新型墙体和保温隔热材料。

（2）选择外墙或屋面的保温材料和施工方法时，可以基于建筑物的特点进行选择，从而减少材料浪费，实现良好的保温效果。

（3）砌块的砌筑必须按照工程的砌筑方案进行；非标准砌块需在工厂加工并在现场集

中处理，同时采取除尘和降噪措施；及时清理砌体施工过程中落下的灰烬，收集后重新利用。

6）临时或周转性材料节约

（1）选择易于维护和拆卸、经久耐用的机器、安全防护装置及临时装置进行标准化定型。

（2）模板的制作、安装、拆除作业应由一体化施工的专业团队负责。

（3）铺盖系统或临时便桥应采用钢贝雷架等构件拼装。

（4）现场临时用房应采用周转式活动房，并尽量利用已有围墙，有条件时可在周边租赁房屋。

（5）实现无纸化、信息化办公，利用再生纸反面打印或双面打印。

（6）对材料的包装物进行回收再利用。

（7）选择和按需使用可降解的环保材料，并加强泡沫、油料、油脂的消耗控制。

7. 人员安全与健康管理

“以人为本”的原则应贯穿于施工阶段绿色管理的全过程。

1）建筑区、生活区和办公区应分开设置，生活区和办公区的位置必须符合安全要求。生活区、办公区设置主要包括：办公室、宿舍、文体活动室、食堂、盥洗间、淋浴间、厕所、垃圾站等。在施工现场搭建的临时建筑应符合消防、安全防护等要求。营造良好的现场作业环境及办公、生活区域；对施工现场进行形象策划以及适当绿化。

2）“五牌一图”内容严格按政府和企业相关规定进行设置，主要包括：工程概况牌、管理人员名单及监督电话牌、消防保卫牌、安全生产牌、文明施工牌、施工现场总平面图等。企业标识、标志牌、围挡等必须按要求设置在施工现场；施工现场应在出入口、主要设施、洞口、危险物品存放处、临边等危险部位设置安全警示标志；施工现场应设有重大风险源管理图（牌），生活区、办公区、施工现场应标示疏散线路、应急指示标识和应急处理流程表。项目的不同阶段应采取相应的环境保护及安全措施，确保周边管线和建（构）筑物的安全。

3）进行专门的培训和检查，为施工人员配备劳动防护用品，并指导施工人员正确穿戴和使用；营造良好的工作环境氛围，合理安排作息时间，采取分班作业方式；丰富职工业余文化生活，定期组织各种体育和娱乐活动。

对可能造成职业危害的震动、辐射、噪声、有毒物品、粉尘等提前进行防护，保障施工人员的身心健康。对于隧道、竖井等地下工程密闭空间，作业时应强制通风。当进行噪声作业时，操作人员应配备耳塞等防护用品，对听力进行保护；当处于有毒有害气体场所作业时，首先应验证毒气浓度，若浓度超标则应采取措施降低浓度，待浓度适宜后再安排工作人员进入，工作人员应佩戴防护面具或防毒面具；当进行粉尘作业时，作业场所内需采取喷洒措施，降低粉尘浓度，操作人员需佩戴防尘口罩；当进行焊接作业时，操作人员需佩戴防护眼镜、面罩、手套等防护用品；当处于高温环境作业时，需合理安排操作人员的工作和休息时间，在高温时段施工时需配备隔热用品。

4）职业准入、定期体检、保健防疫、卫生急救等制度需在项目施工前就制订完成。加强施工人员的食宿环境卫生管理，提供健康、卫生的生活与工作环境，改善和提高施工人员的生活条件，保证住房、工作场所和施工人员办公室的卫生达标。必要时，应由专人负责各种生活设施的日常维护。餐厅或食堂必须持有主管卫生服务部门颁发的有效卫生许可证，厨师必须持有有效期内的健康证。当发生食物中毒、传染病等职业安全事故时，需按照规定及时通知主管部门并给予协助。对排水沟、卫生设施和厕所等阴暗潮湿的地方需定期消毒；垃圾应单独存放并及时清理；生活空间应定期除尘。现场设置医疗室，配备急救设备、常用药品和药柜等。

6.3 基于 BIM 的施工阶段绿色管理

6.3.1 基于 BIM 的施工阶段绿色管理方式

1. 实施流程

基于 BIM 技术的装配式管廊施工阶段绿色管理实施流程如图 6-1 所示，具体内容如下。

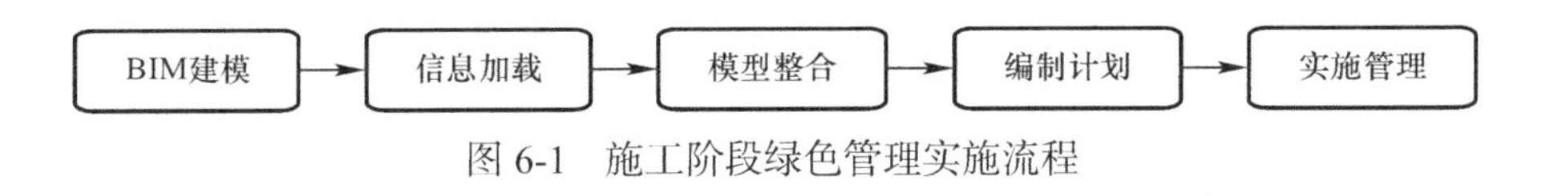

图 6-1 施工阶段绿色管理实施流程

第一步，BIM 建模。在项目实施前，施工单位的 BIM 中心利用建模软件将设计单位提供的二维图纸转化为三维模型，通过碰撞检测优化工程设计，减少施工阶段返工问题。

第二步，信息加载。将实时施工数据加载到 3D BIM 模型中，形成多维模型。项目经理和现场工作人员可以通过 BIM 技术平台随时了解、捕捉和掌握项目信息，及时处理施工过程中出现的问题。

第三步，模型整合。通过 BIM 综合管理平台，整合管廊组装现场的施工组织计划与构件制造厂的生产计划，对施工计划进行合理优化，并提供给各参与方，用于指导实际施工、生产活动。

第四步，编制计划。利用 BIM 模型模拟实际装配过程，为工地布置、施工进度、预制构件生产计划、物流管理、材料运输等环节提供科学建议，从而有效进行库存管理、施工量统计和成本控制。

第五步，实施管理。对现场实时数据进行整合分析，以提高管理水平和效率为目标，对施工计划进行动态调整，使项目的现场进度、成本、质量和安全等方面得到保障，项目预期管理目标得以实现。

2. 管理内容

基于 BIM 的装配式管廊施工阶段绿色管理由多项管理要素组成，涵盖项目的整个生产阶段：施工准备阶段、生产制造阶段、物流运输阶段和现场装配阶段。

1）BIM 技术的应用在整个生产过程中尤为重要，特别是在施工准备阶段，BIM 模型构建、图纸优化、管廊综合检测以及施工方案设计、进度计划、工艺模拟和量产数据统计都离不开 BIM 技术的应用。

2）生产制造阶段利用 BIM 技术，可以进行材料、生产过程、库存和全过程的质量管理。

3）物流运输阶段利用 BIM 技术，可以有效规划、组织运输，合理安排运输时间、路线及装载等。

4）在现场装配阶段，利用 BIM 技术，可有效进行构件进场管理、场地存储管理、构件吊装规划、构件施工流程规划及现场质量安全管理。

在整个过程中，通过建立 BIM 管理体系，利用所传递的信息制订管理计划，及时反馈信息，及时优化各项计划，从而构建有效的组织计划系统。

3. 组织架构与职责

根据现阶段装配式管廊建设的实际情况，大多数 BIM 中心由建设单位设立，其优点为技术界面共享更容易，信息回应更快，组织效率更高。项目各参与方以建设单位的 BIM 中心为基地，密切协作，开展各项工作，其组织架构与人员配备如图 6-2 所示。借助 BIM 技术强大的数据和信息集成能力，可实现信息从项目设计单位到现场施工单位，再到项目参与方的及时传递，让各个岗位的专业技术人员和管理人员及时了解并掌握施工现场情况，并采取有效控制措施，为项目管理决策提供依据。BIM 技术的应用提高了组织信息传递的整体效率，优化了组织结构，提升了组织管理水平。

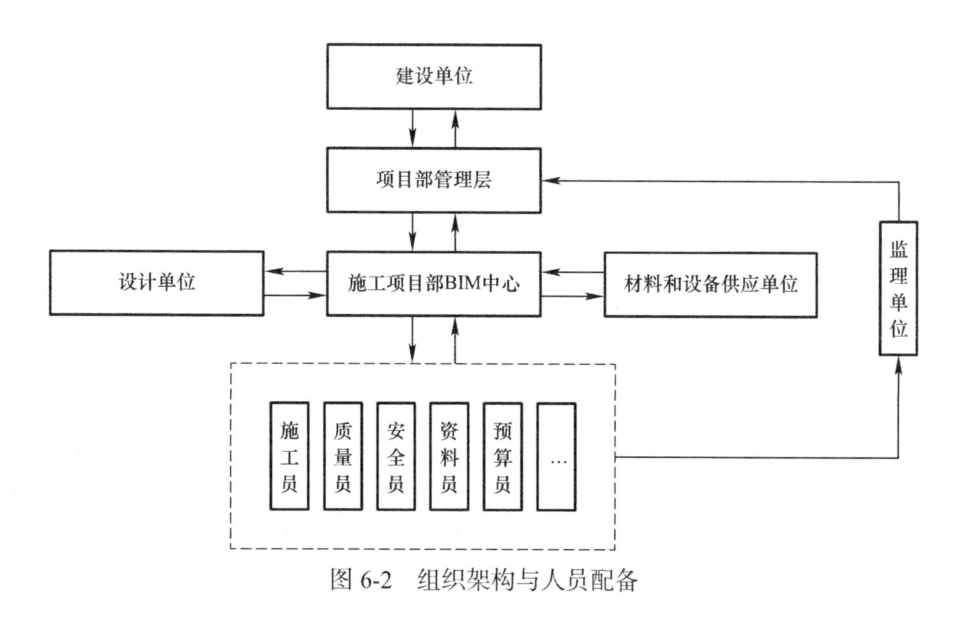

图 6-2 组织架构与人员配备

1）建设单位

作为项目的发起方，建设单位首先要明确装配式管廊项目中的信息化和绿色能效等要求，并为项目建设预留专项资金，以促进项目信息化的推进。在施工过程中，借助BIM信息化平台的记录和实时数据反馈，准确了解现场情况。

建设单位应利用BIM信息平台，及时处理施工人员和监理人员反映的工程进度、材料调配、质量安全等情况，掌握总体实施情况，加快项目决策速度，提高决策水平，控制项目实施不偏离目标。同时，建设单位须配备信息专员，负责统筹BIM平台建设资金，配合建设单位BIM中心完成本单位的系统维护与数据处理。

2）施工单位

施工单位是整个装配式项目管理的组织和技术核心，应设立组建BIM中心并配备专门的技术人员，协助BIM总负责人对整个项目做好全局管理。以BIM项目管理为中心，根据项目决策制订BIM工作计划，组织协调各方参与，并建立监督机制和问责机制。

BIM模型可用于优化资源配置，实时监控和验证对现场的反馈，综合协调解决现场出现的问题。BIM管理人员应确保BIM信息模型的准确性和及时性，保证相关各参与方能够在已建成的BIM技术平台上进行有效、及时的沟通，提高管理水平。此外，所有施工单位项目管理人员，包括项目经理、项目技术负责人、施工员、质检员、安全员、预算员、资料员等，都必须掌握BIM平台的基本操作流程，以随时通过技术平台从项目现场上传、整理、反馈、分析数据，从而为管理工作提供数据支持和决策依据。

3）设计单位

设计单位主要负责施工图纸设计，保证设计图纸的可靠性，按期提交图纸，以满足施工技术和工程总体进度的要求。图纸交付后，派出相应的设计人员参与施工单位图纸审核，对遇到的问题及时进行修改，为施工单位提供技术支持。通过建设单位的BIM中心，对施工单位在翻模过程中发现的图纸错误进行整合、分析和分类，与施工单位的BIM团队一起优化设计图纸（如碰撞检测、管线综合检查等）。

4）监理单位

监理单位承担第三方监督职责，主要负责在施工过程中跟驻施工现场，及时监控和报告工程量、项目进度、质量和安全的统计数据。监理人员可以随时随地通过BIM手持客户端上传现场信息和数据至BIM信息平台，同时，通过BIM信息平台将问题实时反馈给责任方，并查看责任方是否进行改进，改进措施是否有效。

5）材料和设备供应单位

材料和设备供应单位，尤其是构件预制厂，需要基于构件参数实现标准化、工业化的生产方式，提高生产效率。针对材料生产和运输施工单位可利用BIM平台传输现场工作进度和材料供应情况等信息数据，合理优化生产和运输计划；根据BIM模型模拟所得结果，保证运输到位，减少材料在施工现场的二次搬运，同时可加强管理装配式构件及相关设备的生产和采购。

6.3.2　基于 BIM 的施工阶段绿色管理应用

BIM 技术可用于整个动态施工管理的过程中，能更加准确、清晰地计算工程项目中材料的数量、构件的参数，为现场施工人员提供可靠、准确的数据来源，为施工全过程中的工期和成本把控提供参考，切实提高建筑行业绿色化水平。

1. 优化场地布置

BIM 技术可实现预先对施工现场中原有建筑、拟建建筑、材料堆场、加工场地、生活办公区域等进行模拟布置，对施工现场规划区域进行科学合理的划分，优化场内交通路线，减少材料二次搬运，解决施工区域可能出现的重叠、碰撞等问题，有效利用施工现场的土地资源。

综合管廊常位于机动车道、人行道或非机动车道、道路绿化带等下方，施工期间为尽量减少对城市交通的影响，需尽量减小现场施工占地面积。以下分析在施工场地中可能出现的问题。

1）现场及堆场通行道路选择不合理，影响预制构件运输效率

装配式管廊施工工序是将在预制构件厂生产完成的预制管廊构件运输至现场，然后进行安装拼接。预制构件是否能够顺利运输至现场，将直接影响管廊主体施工进程。因此，预制构件从工厂运输至现场的整个过程，对施工现场路况要求较高。若道路过窄，会导致预制构件二次甚至多次搬运，不仅增加工程运输成本，还会造成工期浪费；若道路过宽，也会对施工场地造成浪费。此外，道路拐弯半径设置不合理、运输速度的控制不合理，也将导致预制构件损坏。

为解决以上问题，需事先做好预制构件运输道路规划工作。预制构件应根据施工现场需要，按批次、有顺序地从预制构件厂运输至现场和堆场。同时，还应考虑施工现场和堆场的运输道路宽度、转弯半径等是否满足构件运输、卸载和吊装要求，是否影响其他作业。

2）构件堆放不合理

由工厂运输到现场的预制构件将根据实际需要堆放在施工现场或堆场上。由于施工场地面积较小，而预制构件数量又多，如果按照传统场地布置方式，将导致构件堆放混乱无序，堆放数量减少，进而使预制构件吊装次数增多，影响施工进程。堆放的构件在堆场中布局不合理，还会导致堆场空间不足，无法放置后期施工所需构件。

因此，需事先制订预制构件堆放场地规则。在满足吊车施工作业要求且不影响现场运输的前提下，应合理布置堆放场地，科学堆放预制构件，最大限度地减少二次搬运。同时，应配备专人分别记录构件从预制厂运输至现场、从堆场运输至现场的构件信息，以便后期对构件数量进行核实。

3）吊车不能满足作业要求

装配式管廊构件安装连接等施工工作主要依靠吊车进行。若依据传统场地布局来规划

吊车行进路线、站位点等内容，可能导致吊车工作面不够等问题；若吊车站位点过多，或吊车行进道路堵塞，也可能导致吊装速度减慢，造成工期延误等。

因此，需事先做好现场吊车的施工方案。首先，吊车臂长和起重载荷应根据工程项目所需构件的型号、规格设置，以满足预制构件的起吊、卸载和安装需求。其次，随着管廊廊段的建设安装和连接，吊车需要沿着廊体施工方向不断移动，因此，需要根据管廊工程的具体规划，设置吊车的行进路线及其站位点。最后，利用BIM技术对吊车行进路线和站位点布置的多种方案进行仿真演示和对比分析，择优选择施工方案。

2. 碰撞检测与优化

地下管廊内敷设的管道种类较多，为保证管廊的安全，需要配备许多辅助设施。加上道路交叉口、管道出口井等部位的管道设计极其复杂，如果依据二维设计图纸来进行各专业的三维建模，并将其集成到BIM模型中，将可能产生多个冲突点。因此，利用BIM平台的碰撞检测功能，提前修正管道与管道之间、管道与附属设施之间的冲突问题，可以合理利用资源，降低项目成本，缩短施工工期，提高施工效率。

1）碰撞检测

碰撞检测的类型有硬碰撞、软碰撞、间隙碰撞等。其中，硬碰撞是指两个实体之间真实存在的碰撞。软碰撞是指两个实体在空间上存在交集，这在地下综合管廊规划设计过程中很常见，主要是结构与廊体、建筑与廊体、管道与管道之间发生碰撞。根据现有的施工经验，剧烈碰撞发生的频率越高，对工程的影响也会越大。间隙碰撞是指两个构件在空间中并不相交，但两个构件实体间的距离小于设计规范的要求，从而影响施工活动或不能满足净空要求。例如，管道排成一排导致遮挡开关等。碰撞检测完成后应自动生成碰撞检测报告，且报告可导出为文本、HTML（表格）等多种格式。

用于碰撞检测的检测平台主要有以下两种：

（1）基于Revit平台的碰撞检测

Revit是BIM最常用的核心建模软件。在Revit中进行项目布局建模，并借助软件内置的碰撞检测功能，可以实现BIM模型自动冲突检查，并可在生成的冲突报告中查看冲突点的具体位置，同时，可在模型中直接调整发生冲突的部位。但在进行碰撞检测时，Revit会占用计算机大量存储器以及CPU资源，常规计算机不能满足其运行要求，容易造成软件宕机；同时，检测精度不能很好地满足项目施工的要求。

（2）基于Navisworks平台的碰撞检测

Navisworks是一款专业的信息集成软件，能够读取多种格式的三维建筑信息模型，同时对文档的大小没有限制；但由于其不提供建模服务，只能在软件中进行碰撞检测，而不能对冲突点进行及时修改。Navisworks对计算机硬件配置要求不是特别高，当前市场上主流配置计算机均能够满足其检测要求。在使用Navisworks对模型进行碰撞检测后，仍需要返回到Revit软件中来修改检测中发现的碰撞点。此外，由于软件系统的差异，从Revit导入Navisworks的模型会造成构件细部数据丢失，并且信息模型中的储存信息并不能在碰撞检测时充分发挥作用。因此，通常在大型项目中才会考虑应用 Navisworks 做碰撞检测，对于中小型项目则可能产生大量额外的工作负载。

碰撞检测规则（忽略以下对象之间的碰撞）：同一图层中的项目；同一个组 / 块 / 单元中的项目；同一档中的项目；捕捉点重合的项目。

2）优化 BIM 模型

可以选择不同碰撞模式来进行碰撞检测，例如单专业间碰撞、多专业间碰撞等。由于装配式管廊项目的管线种类涉及专业非常多，因此，需要对多条管道本身进行碰撞检测，并整合项目所有模型来检测多个专业设计之间的碰撞问题。根据检测结果可以发现设计中的各个碰撞冲突点，并针对性地提出解决办法，以减小施工风险发生的概率。特别是在管廊交叉点及进出井等复杂节点处，还应对节点构件的尺寸及钢筋布置进行碰撞检测。因为装配式管廊对预制构件的尺寸要求较高，同时在施工过程中需要的钢筋较多，如果设计布局存在问题，就可能出现因为墙板中间的空隙过大而延缓施工；板镶嵌到预制墙里，导致廊体不能顺利完成装配；构件钢筋相互碰撞，导致工程暂停等问题。

（1）多专业模型整合。将在 Revit 平台中建立的地下综合管廊结构模型与管线模型导入 Navisworks 软件平台中，对其进行多专业模型整合，构建装配式管廊 BIM 模型。

（2）在 Navisworks 软件中进行模型碰撞检测。在 Navisworks 平台中的 Clash Detective 模块上添加检测需求，并选择进行碰撞检测的模型，设置碰撞检测规则和碰撞检测类型，对已构建的模型进行碰撞检测。

（3）导出碰撞报告。根据需要选择碰撞报告的内容及所需的报告格式，生成碰撞报告。

（4）冲突解决。各专业人士根据碰撞报告，在 Revit 软件中检索碰撞点 ID 号，找出碰撞点，对碰撞的构件进行碰撞点识别、避让和调整，以解决碰撞问题。

（5）建立零碰撞模型。将模型碰撞问题调整后，重新导入 Navisworks 软件进行检测，不断重复上述过程，直到 BIM 模型检测为零碰撞，从而达到优化模型的目的[5]。

利用 Navisworks 软件优化 BIM 模型的具体流程如图 6-3 所示。

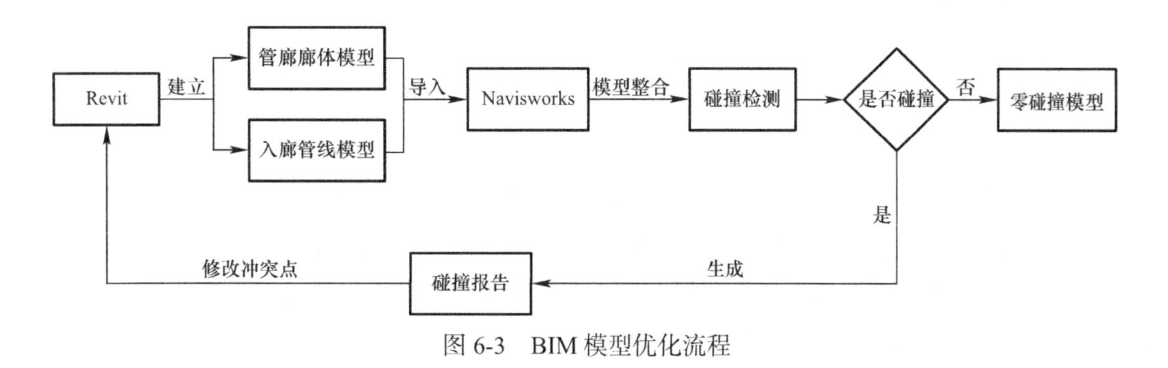

图 6-3　BIM 模型优化流程

3. 施工成本管理

对项目进行工程量统计不仅在工程造价中发挥重要作用，而且为制订工程施工进度计划提供了依据。装配式管廊项目的工程量统计主要分为两部分：一是统计项目中所有预制构件的编号、数量、尺寸等信息；二是统计每个预制构件所需的材料信息，如构件所需的混凝土量、钢筋量、预埋件量等。工程量清单的统计不仅便于生产商制订备料清单，也便于双方后期的核算工作。

在项目施工前，施工单位可以根据所建立的BIM模型，对工程量进行汇总计算，导出项目计划工程量，关联预算价格信息，生成建设项目成本，为施工过程中的成本管控提供有力帮助。在项目施工过程中，根据实际工程的变更情况，在BIM模型中做出一定的修改后，自动生成相关工程量数据的统计结果，使得工程变更能被及时量化，以便实现工程价款的调整和控制。在工程造价管理过程中，可以将构配件与工程材料作为管理对象，实时分析构配件的运输存储情况，以及工程材料的使用与损耗情况，将两者的计划量与实际量进行对比分析，在材料损耗过多时进行预警，形成对构配件和材料的精细化管理，为实现限额领料、消耗控制提供有效支撑，避免造成构配件的二次搬运与材料的浪费，降低项目建设成本。

4. 施工进度控制

在以往施工进度控制中，项目管理者对项目前期制订的进度计划优化只停留在很浅的层面上，可能存在一部分无法被检测到的问题。而当此类问题在现场施工过程中暴露出来时，有可能会对工期造成影响，使项目管理工作变得非常被动，因此，传统进度控制大多属于事后控制。

将BIM技术应用于建设项目的进度管理，可以根据施工进度目标进行管理，将分解的进度与BIM模型中的每个实施过程关联起来；将时间轴添加到3D模型中，借助模型可以提前模拟项目的施工进度；基于BIM预览可视化，项目经理可以更直观地发现施工过程中可能出现的问题，调整施工计划，合理安排部署，优化施工进度。同时，项目进度可以与工厂的生产和运输计划相关联，以实现整体供应链的精益化，确保工程施工建设顺利完成。

1）进度控制的主要流程

（1）监督现场施工进度。在项目施工过程中，每天对现场施工进度进行实时监控，并做好施工进度报告等。

（2）收集整理现场工作进度数据。通过对现场施工进度的监督，获得现场施工实时数据，并对数据进行整理、统计和分析，以反映现场施工的实际进度。

（3）比较实际进度与计划进度。对现场施工进度数据加以处理后，与计划进度数据进行比较，得出施工进度偏差。进度偏差是考虑调整施工进度计划的依据，也是监控施工进度的重要环节。比较工作进度的方法有很多种，如交叉图、网络图、S曲线、香蕉曲线等，通过比较分析可知进度偏差是拖后还是超前。

（4）制订修改计划。如果发现实际进度比计划进度有所延迟，为了减小对后续建设或总工期的影响，应详细分析进度偏差产生的原因，通过制订相关计划和修改进度，使实际进度尽可能与计划进度保持一致。

（5）调整新进度计划后，需重复执行上述步骤，直到项目完工为止。

2）进度控制模型（BIM-4D）的搭建

BIM-4D 模型是指把 3D 模型及施工进度相关联，将模型的构件与进度的分解任务逐一对应，以动态模式将项目进度呈现出来，预先发现施工中存在的不合理问题以及安全隐患等，从而提出更科学、安全的解决方案。建立 BIM-4D 模型应采取以下三个步骤。

（1）建立 3D 模型

BIM 技术应用是建立在 BIM 三维模型的基础上，三维模型的质量对后续工作有直接影响。选用 Revit 软件构建项目三维模型时，需要分别建立管廊廊体模型与入廊管线模型，所有模型组件均基于实际项目中的尺寸、空间信息和材料信息构建，并将两种模型整合形成管廊的 3D 模型。

（2）编制施工进度计划

进度计划是将项目所涉及的各项工作、工序进行分解后，按各工作开展顺序、开始时间、持续时间、完成时间及相互之间的衔接关系编制的作业计划。进度计划编制是控制工作进度的一项根本任务，进度计划制订是以项目工作结构分解为基础。首先应分解项目工作任务，并将各施工任务进行排序，从 BIM 模型中将工程量提取出来，确定人工、材料、机器的消耗量，确定每项施工任务的开工时间、工期时长和结束时间。此外，可根据项目实际情况添加特殊任务，如里程碑任务、周期性任务等，确保各项活动可以分配到均衡的资源与成本。初步进度计划完成后，导出“.mpp”格式文档后导入 Navisworks 软件，对进度计划的逻辑合理性进行检查。

（3）建立 BIM-4D 模型

施工进度控制的关键一步是建立 BIM-4D 模型。可以利用 Navisworks 软件进行 BIM-4D 模型的建立与施工进度的模拟，主要流程为：打开 Revit 软件建立的三维模型中 Navisworks 软件的附加选项；在 Navisworks 软件的 TimeLiner 选项栏中选取数据源的文档格式时，保留“.mpp”格式的数据界面，使得 Project 软件编制的进度计划可以顺利导入 Navisworks 软件中；在文档导入时选择同步 ID；在 Navisworks 软件中使用关联规则，自动关联三维模型中的工程构件与施工进度计划中的任务信息。一般选择的关联规则为根据相同的构件 ID 编号进行自动匹配，对于一些无法自动关联的构件与任务可手动调整和匹配。进一步地，对施工模拟中各项工序所处的状态进行配置，包括构造、拆除和临时三种类型，利用不同的颜色来表达每种类型构件的建造情况，从而实现 BIM-4D 模型的创建。

3）BIM-4D 模型的进度管理

基于 BIM-4D 模型进行施工进度管理主要包含三方面内容：

（1）在项目施工前，利用 BIM-4D 的施工模拟功能检查进度计划逻辑的准确性，以便对进度计划进行调整，使进度计划与实际情况有更高的符合程度，同时可确保后续跟踪检查及进度控制有据可依。通过多次模拟动态施工进程，可以预先发现实际施工中可能出现的问题，并制订应对方案，降低实际施工中的风险发生概率。

（2）在项目施工过程中，应根据实际的施工情况对 BIM-4D 的施工模拟方案进行数据更新管理，一方面，根据最新设计和设计管理计划修改 BIM 三维施工模型，并导入 BIM-4D 施工进度管理平台；另一方面，如果施工进度滞后，进度管理人员应根据施工现场条件对施工进度进行预调整，并在 BIM-4D 施工进度表中修改和调整工作持续时间、工序搭接关系及施工资源配置。

此外，根据修订后的施工进度计划和 BIM 三维施工模型，在 BIM-4D 施工进度管理平台中找出进度偏差并重新模拟施工计划，然后使用新的进度计划进行施工管理。对于后续工程，应根据实际施工进度的监测和偏差分析，实现进度的动态循环控制。

（3）工程进度检查完成后，可在 BIM-4D 平台上对所选时间段自动编制施工进度报告，详细说明进度计划的执行情况、项目实际进度与计划进度的比较、进度计划的偏差及偏差原因的比较、对进度计划调整的意见、后续进度预测等。生成的进度报告有助于管理人员明确下一步任务计划[5]。

5. 施工质量管理

在项目施工前，技术人员可以使用 BIM 模型对装配式管廊项目的真实情况进行全局模拟。模拟环节有助于更好地识别现场施工中潜在的质量和安全风险，并通过提前采取预防措施进行预检查。在工程交接过程中，三维施工过程通过二维平面图动态呈现，帮助现场工作人员获取施工关键技术点，减少施工技术交接带来的质量问题。对于施工现场的构件，可以加载出每个构件的安装地点、技术要求、质量要求等数据，一线施工人员通过扫描二维码即可了解组件并进行安装。此外，当现场出现某些质量问题时，质量管理人员可以通过移动设备，利用 BIM 模型对现场进行分析和处理，同时，对质量问题进行拍照、录像，结合文字描述分类汇总并统计归档，以便后续使用 BIM 技术预测可能出现的类似情况，实现针对性地预防并减少后续施工过程中的问题。

6. 施工仿真模拟

1）装配式管廊施工过程

装配式管廊采用明挖拼装法施工，具体施工工艺流程如图 6-4 所示。

2）仿真模拟平台

仿真模拟平台是可以向用户提供生产场景数据库，或对模型进行整合的场所。利用仿真模拟平台，用户可以实现实时漫游和对设备的虚拟装配，内部集成了如碰撞检测、数据预处理及存储、场景管理等多方面的功能。良好的仿真模拟平台不仅能够实现虚拟装配系统中所有模块的功能，还能帮助用户在虚拟操作过程中获得更佳的现实感和沉浸感。目前，虚拟现实技术的研究已逐步完善，不同的应用领域也都开发了相对应的虚拟仿真平台。对装配式管廊而言，一个完整的管廊施工模拟大部分是通过单个三维模拟软件完成的。

Unity3D 是由 Unity Technologies 开发的一个专业游戏引擎，利用该软件可以轻松实现许多仿真模拟，例如建筑的三维模型、实时三维动画等。其特点主要有：

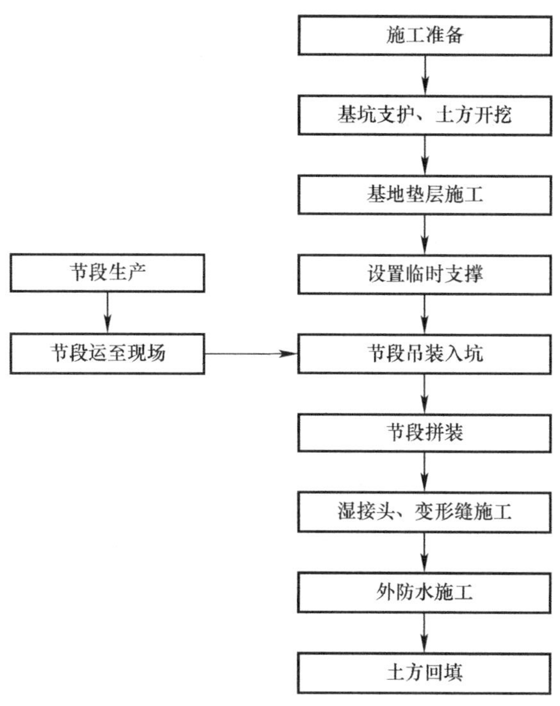

图 6-4 装配式管廊施工工艺流程

（1）兼容性好。Unity3D 可以与 Revit、3DSMax 等三维建模软件较好地对接，在 Revit 软件中建立的三维模型，可以通过“.FBX”格式直接导入 Unity3D 软件中。此外，Unity3D 还能够直接支持导入“.psd”和“.jpg”的图片、大部分的音频、3D 模型等多种格式的文档，具有较好的兼容性。

（2）编辑功能强大。Unity3D 的编辑界面包括五部分：Inspector、Project、Hiearchy、Sence、Game。同时，为了方便调整或整体布置设计场景，在 Unity3D 的操作界面上有多种不同的编辑器，用户可随时调用。Unity3D 软件本身还有丰富的资源包，可以根据实际需要将资源包添加到项目中直接调用。此外，Unity3D 具有强大的编辑功能，极大地方便了初学者使用，例如，可以将贴图导入后进行简单的处理使其成为一种材质。

（3）编程语言脚本丰富。实现动画演示的关键一步是编写脚本，Unity3D 平台中有 JavaScript、C# 和 Boo 三种编写脚本的语言，用户可根据需要或个人使用习惯任意选择。

（4）发布平台广泛。Unity3D 发布作品可以在多种设备终端上实现，在 Unity3D 开发的作品不需更改就可以在 IOS、Android 和 Windows 等不同的系统平台直接发布。此外，还可以使用 UnityWebPlayer 插件将其发布到网页。

3）构件吊装技术分解和模拟

装配式管廊主体结构的吊装主要包含管廊节点吊装和标准段吊装两部分。通常，在管廊节点和管廊标准段处分别选用半预制混凝土综合管廊和整体预制混凝土综合管廊。

（1）吊装准备工作。构件的吊装准备工作见表 6-3。

构件吊装准备工作 表6-3

准备事项	工作内容
施工人员	① 组织所有工种人员参与技术交底和质量及安全培训； ② 所有特种作业人员必须持证上岗
施工机械	根据施工工况、预制构件的重量及机械性能，合理选择施工机械
预制构件	管廊节点、标准段构件
施工吊具	根据吊装方式、预制节段尺寸合理选择吊具

（2）管廊标准段吊装过程及分解。标准段的吊装工艺流程如图 6-5 所示，吊装过程及施工分解详见表 6-4。

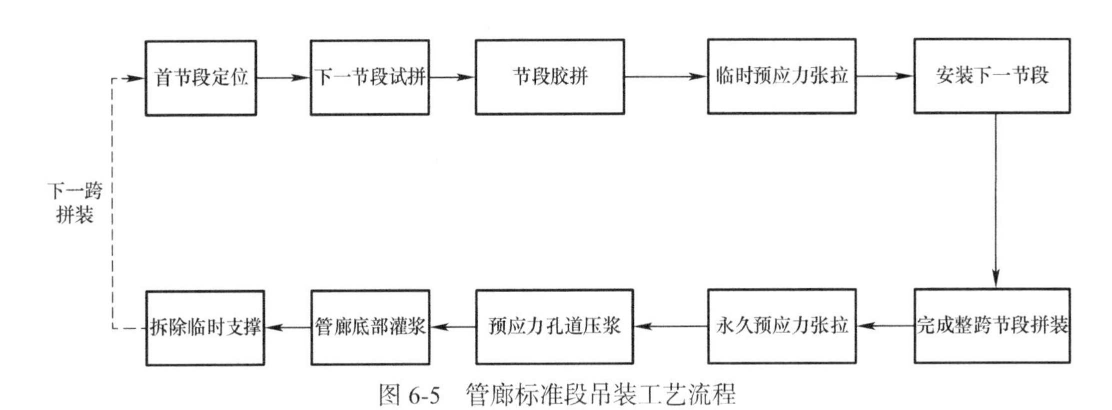

图 6-5 管廊标准段吊装工艺流程

管廊标准段吊装过程及施工分解 表6-4

工序	施工分解	施工要点
1	首节段定位	首段整跨节段的吊装为后续的节段就位提供基准，其位置的准确性非常关键。将首节段移至相应位置后需要反复调节，精确定位以节段面的控制点为依据，并用千斤顶支撑
2	下一节段试拼	提起下一段，慢慢接近第一段进行试验（试验要求两段之间有小于5mm的间接接头，并保证接头面的预应力管是敞开的）。测试架通过后，将后段移至距第一段50～60cm的位置进行临时固定
3	节段胶拼	用搅拌器搅拌环氧胶结剂，涂胶厚度为1.6mm。胶水涂好并通过后，让后段慢慢靠近第一段，在距离第一段约10cm时调整后段顶部和底部的位置，使后段更靠近第一部分
4	临时预应力张拉	两段胶合后，用预应力薄轧钢筋连接并压紧两段，检查两段接头处的混凝土是否符合要求，然后张拉薄轧钢筋，一旦拉紧完成后，及时刮掉接缝处挤出的水泥。同时，仔细检查预载管道，确保端口畅通
5	永久预应力张拉	在完成整跨节段的拼装后，按照左右对称、先上后下的原则进行永久预应力张拉，再通过采点的方式检验本跨综合管廊的线形情况。倘若存在偏差，可通过千斤顶对其进行微调，待合格后再进行锚固
6	孔道压浆	在制备好加压物料后，将管道内的空气用真空机从管道任意一端抽空，管道的另一端则使用加压器充入加压物料，当污泥出现时停止注入，从管道的另一端流出。灌浆完成后，锚固密封
7	管廊底部灌浆	灌浆完毕后进行封锚。管廊拼装完成以后，将橡胶条塞入管廊纵向两侧，并从进浆孔灌浆，发现浆料从出浆孔流出时立即停止灌浆。千斤顶的拆除应在水泥强度达到设计要求后进行

（3）管廊节点吊装过程。地下管廊的主要节点有交叉口、管线引出口、通风口、投料口等。其中，投料口部位吊装过程及施工分解见表6-5。

管廊投料口部位吊装过程及施工分解　　表6-5

工序	施工分解	施工要点
1	底板叠合板吊装	底板叠合板吊装应在垫层施工后进行，底板吊装完成后再绑扎钢筋
2	叠合夹心墙吊装	叠合夹心墙板有高低之分，将低的一侧布置在管廊内部，并使用斜支撑对其固定，底板混凝土的浇筑工作应在叠合板安装完成后进行
3	顶板叠合板吊装	吊装完成后进行钢筋绑扎作业，可以墙的外板作为模板，将其直接搭接到叠合夹心墙的内板上，再进行混凝土的浇筑。混凝土浇筑范围包括顶板叠合板上部及夹心墙的中间区域
4	投料口侧板吊装	投料口的侧板通常使用夹心叠合墙并使用斜支撑固定
5	投料口顶板吊装	在预制楼梯、顶板叠合板完成吊装后，以夹心墙外墙板为模板进行混凝土的浇筑

（4）构件吊装模拟。构件吊装模拟的实现由环境模拟、机械动作模拟和吊装工艺模拟三个模块组成，每个模块的模拟内容见表6-6。

构件吊装模拟　　表6-6

名称	模拟内容
环境模拟	在Unity3D中进行吊装模拟场景搭建的同时，也可以对施工周边的地形、自然光、植物等自然物体进行创建和渲染；此外，还可以先通过3Dsmax对施工现场布置中的各种机械设备进行建模，再导入Unity3D中
机械动作模拟	先在3Dsmax中对吊装模拟中机械的工作动作进行设置，再将其导入Unity3D中调用。例如，在3Dsmax中设置履带吊装动画，再将此模型导入Unity3D中
吊装工艺模拟	先在Revit软件中建立吊装模拟需要的构件模型、场地模型等，再将其导入Unity3D中，同时，可以使用C语言编写代码程序，实现机械动作动画和软件模型的控制与调用，以及构件吊装过程的模拟

6.3.3　基于BIM的施工阶段绿色管理建议

装配式管廊施工阶段绿色管理就是在整个施工过程中，将绿色管理思想作为环境战略部署的核心内容，加快施工过程改进，以减少材料的消耗、有害原材料的运用、能源的消耗、废弃物的产出，实现全生命周期管控，不断提升生态效率[4]。

1. 更新装配式管廊项目施工绿色管理理念

装配式施工是一种较新的施工方式，目前部分施工单位对BIM技术不够重视，大部分应用还停留在建筑表面工作，不利于装配式管廊的发展。无论是施工单位还是建设单位，其项目经理都必须认识到基于BIM技术的信息化管理模式对项目管理和环境保护的重要性，将施工单位的传统管理转变为多方参与的多目标综合管理，从而提高信息传递、沟通效率及项目管理水平，保证达到环保、高效、可靠的施工目标。

2. 加强BIM专业技术培训

培养专业人才是实现装配式项目信息化管理十分必要的手段。一方面，建设、施工、勘察、设计和业主五方参与主体均有必要安排专人跟进和对接，参与BIM信息平台实操培训全过程，保证各参与主体的BIM操作工作落实到本单位的具体员工，特别是参与现场施工的工作人员和管理人员，以便后期各参与主体在平台中录入与施工现场相关的信息，调用平台数据等。当各个项目施工即将结束时，项目经理应提前做好BIM平台的梳理和总结工作，积累和分享更多管理经验，以优化升级BIM平台，为后续项目做好准备。另一方面，重点培养专业的BIM小组技术成员，承担BIM平台相关搭建、加载、整合等数据信息工作，负责建模仿真、结果导出等相关管理信息工作，切实管理维护好BIM信息平台。

3. 落实施工管理工作，优化施工管理制度

在施工过程中，明确项目经理和项目管理人员的管理职责。项目经理负责对现场施工人员、设备、材料、机械等方面进行一体化管理，建立有效的全站点管理体系；根据工程现场实际需要，整合资源配置，做好协调工作，尽可能杜绝施工现场资源浪费，并在实际工作中逐步完善装配式管廊从设计决策、生产制造、运输储存、现场施工到运营维护等过程，提高项目管理水平，实现项目的环境效益、社会效益和经济效益。同时，项目管理人员需要严格落实施工现场管理工作，针对规划中的重难点建设区域，制订有针对性的管理方案。

4. 构建信息多元化的监管考核体系

充分发挥BIM技术的优势，构建信息多元化的监管考核体系，更好地实施装配式管廊施工阶段绿色管理工作。BIM技术可以实现装配式管廊项目全面的数字监管，保障数据的公开性和实时共享性，方便管理人员及时发现各个环节中存在的问题，有效提升管理决策水平。根据项目参与主体以及项目进行阶段分别设置管理方式，实现各单位多元化端口的信息传输、调取、反馈与交流。同时，针对BIM信息平台的开发应用，制订专门的责任体系和考核标准，做到职责统一和权责相符，责任落实到岗到人，合理借助数据化指标对项目管理人员进行深入的量化考察，并将定期考核评价结果予以公示，以便激励和督促项目管理人员[5]。

6.4 本章小结

本章作为重点内容，阐述了传统施工阶段绿色管理概况以及装配式管廊施工阶段绿色管理现状；介绍了装配式管廊施工阶段绿色管理，包括体系管理、策划管理、实施管理、

检查评价管理、人员安全和健康管理；突出 BIM 技术在装配式管廊施工阶段绿色管理中的应用，重点强调 BIM 技术在装配式管廊优化场地布置、碰撞检测与优化、施工成本管理、施工进度控制、施工质量管理、施工仿真模拟等方面的应用，并提出施工阶段绿色管理的合理建议。

参 考 文 献

[1] 杨万里. 绿色施工管理理念下建筑施工管道研究 [J]. 建筑技术开发，2020，47（1）：107-108.

[2] 仇保兴. 推行绿色建筑加快资源节约型社会建设（摘要）[J]. 中国建筑金属结构，2005，（10）：5-10.

[3] 刘海峰. 大型工程绿色施工项目管理实践 [J]. 建筑施工，2016，38（2）：249-251.

[4] 阮英. 全寿命周期视角下管道工程项目绿色管理分析 [J]. 城市建筑，2020，17（33）：180-183.

[5] 蔡梦娜. BIM 技术在城市地下综合管廊施工中的应用研究 [D]. 沈阳：沈阳建筑大学，2019.

第 7 章

装配式地下综合管廊运维阶段绿色管理

装配式管廊运维阶段绿色管理，是指装配式管廊项目为了适应可持续发展的要求，将资源管理、资源保护、生态环境改善等工作贯穿于管廊整体运维管理的过程中，在此基础上实现社会效益、环保效益及经济效益。运维阶段是实现装配式管廊绿色管理预期目标与预期价值的重要阶段，应重视绿色智能化发展，广泛应用先进的运维方式和信息技术，注重环境问题，坚持道德标准和社会责任。运维阶段的绿色管理可以体现在 SCADA（Supervisory Control And Data Acquisition）系统、大数据与云计算、BIM 技术、物联网技术等技术上。

7.1 装配式管廊运维管控系统

7.1.1 运维管控系统概述

装配式管廊运维管控系统（简称运维管控系统）本着节能减排、安全运行、科学控制、高效管理的目标，采用大数据、云计算、物联网等技术方法，集多个系统为一体。运维管控系统的构建是管廊信息化的一种形式，也是实现管廊智慧化的一种途径，可以优化配置和整合信息，提高装配式管廊的运行效率和绿色可持续发展水平。

运维管控系统的构建需借助 BIM 技术和 SCADA 系统，将管廊各阶段的信息集成到 BIM 平台中，真正实现管廊信息全寿命周期共享，将管廊内的信息转化为实时数据并反馈给平台，为管廊环境的监测预警提供可靠支撑。

装配式管廊信息化管理是保障管廊安全运行的重要基础，也是管廊发展的必然趋势。因此，为实现管廊内管线数据信息共享，加强管廊全寿命周期管理工作，需建立装配式管廊的运维管控系统。

7.1.2　运维管控系统的设计原则

装配式管廊运维管控系统需遵循技术先进、架构合理、安全稳定、可扩展、低维护的原则，构建适应于装配式管廊当前和未来发展需求的信息管理平台，确保其系统架构和应用框架建立在具有规划性的应用平台上。

1. 架构合理原则

1）系统采用开放式结构，具有很高的灵活性和可扩展性；采用可靠、高性能的系统总线，保证高效的 I/O 处理能力；采用高速网络传输技术和数据库技术，保证系统具有数据交换的高效性和传输安全的稳定性。

2）系统能确保并发型及分布型事务的完整性和数据的一致性。在系统宕机或其他异常状态下，可以实现节点的快速变更，保证业务逻辑的完整性与统一性。

3）系统具有方便、快捷、人性化的人机界面，可支持台式计算机、笔记本计算机、手机等多种设备显示监控画面、趋势、报警、报表等多种格式的信息，具有开放式界面，可灵活对接各子系统。

4）系统的总体结构及其主要设备均有备件，以保证系统运行的可靠性。系统设计过程中，一方面，需要协调好对信息的保护程度；另一方面，需要衡量信息资源共享的限度。在设计系统线路时，充分利用提示分析和故障预警的功能。

2. 安全稳定原则

运维管控系统是一个实用、成熟和可靠的系统，且备件充足。系统采用分级用户权限控制，数据库可备份，配备防火墙，硬件架构服务于专用网络，安全级别高。该系统可与管廊内的监控系统对接，对管廊进行统一管理，保证管廊安全稳定运行，与此同时，考虑网络信息对外输入输出端口处的数据安全性十分有必要。

3. 可扩展原则

运维管控系统按照全局对齐、预留开发的原则设计。全局对齐意味着现有监控、管理、运维、分析、预测和决策等功能将得到全面配备；预留开发意味着设计的系统必须具有强大的可扩展能力，以适应未来技术发展。因此，在进一步开发和扩展时，应考虑系统的成熟度、兼容性和开放性。科技水平不断发展，促使装配式管廊运维管控系统不断优化升级，随之而来的是对系统的进一步优化扩容，甚至是新增与其他系统的联通设计。当前系统设计时，需要充分考虑系统在未来使用时扩容乃至升级的发展需求，为可预见的未来预留部分待扩容节点。

4. 低维护原则

运维管控系统中的产品应易于使用和维护。监控系统对各子系统进行综合监控和集中管理，提高了系统效率，降低了系统管理维护成本。“三分技术、七分管理”广泛适用于开发系统、操作技术等各类应用前景良好的产品。对系统设计而言，不仅要考虑当前的技术水平，更要将管理环节始终作为系统管控的一个重要环节加以考量。通过精简、高效的管理维护和前沿、适用的先进技术，开发具备多模块、全方位、深层次、强管控的运维系统，为使用者提供便于操作且功能强大的软硬件配置，真正实现轻松上手、无忧操作、高效维护。

7.1.3 运维管控系统的架构

装配式管廊运维管控系统架构如图 7-1 所示，主要包括以下几个部分：

1）感知层。主要包括 3D 形式的监视平台、环境与设备监控系统（风机控制、水泵控制、气体监测、水位监测、温湿度监测、氧浓度监测等）、安防系统（视频监控、防盗报警、电子巡检、人员定位等）、消防系统（光纤温度测量、烟雾探测等）、通信系统（工业电话、工业手机等）。

2）数据层。感知层多个系统的数据信息汇集在本层，防止出现信息孤岛，包括地理环境信息数据库、模型数据库、运营数据库、实时数据库等。

3）平台层。运维阶段主要采用 SCADA+BIM 平台，SCADA 与 BIM 之间数据共享并深度融合，充分利用 SCADA 系统的可靠性和操作便利性以及 3D BIM 的丰富信息和多种展示手段。

4）应用层。包括信息查询、巡检维护、安全管理、监测预警、设备管理、应急响应等。

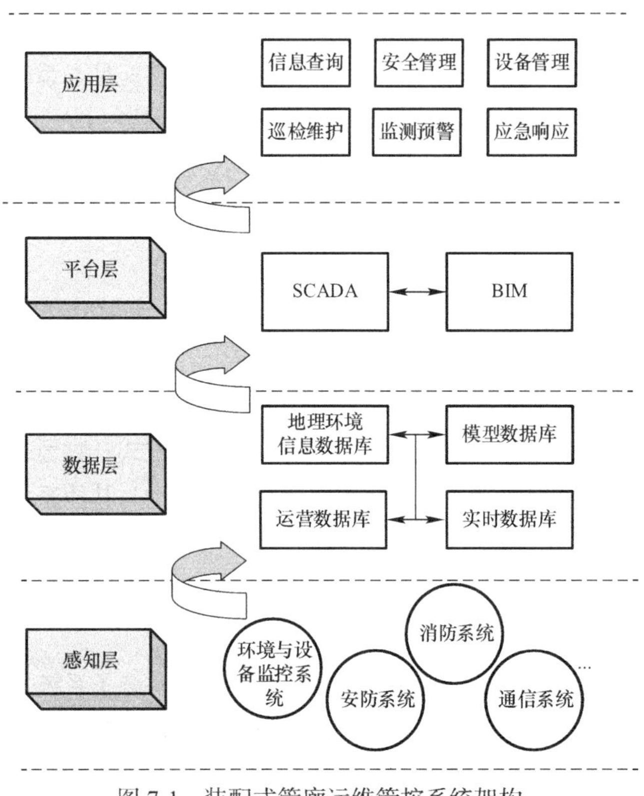

图 7-1　装配式管廊运维管控系统架构

7.2　装配式管廊运维管控系统的先进技术

运维管控系统采用 SCADA 系统、BIM 技术、云计算技术、大数据技术、虚拟 VR 技术、物联网等先进技术手段，实现管廊运维管控的计算机化、网络化和智能化。如图 7-2 所示。

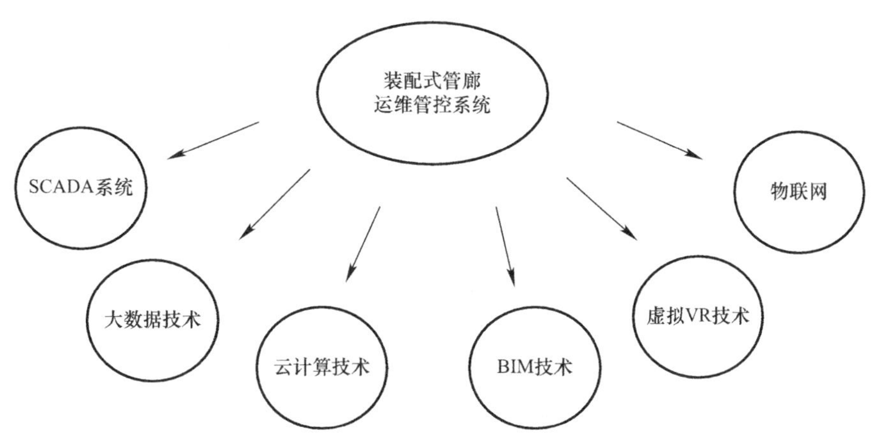

图 7-2　装配式管廊运维管控系统先进技术

7.2.1　SCADA 系统的应用

SCADA 系统，也称数据采集与监视控制系统，多应用于基础设施领域，特别是管廊、供水管网、电力、冶金和能源供应、通信系统和城市报警系统等多个领域。SCADA 系统作为运维管控系统架构中的平台层，主要实现数据的监控和采集、提供与第三方系统互联、分布式计算和存储数据等功能，在运维管理与设备之间起到桥梁作用，在管廊运维管控项目层面上构建数据集成平台，为顶层应用提供统一的数据采集服务、数据检索服务和数据存储服务。

分布式数据采集系统和集中式数据展示与处理系统是 SCADA 系统[1]的两个主要部分。分布式数据采集系统主要包括两类设备：一类是电子信号转换类装置，如压力感测器、流量传感器等。特别是在管廊运维过程中，还开发了大量的测量装置，其中最重要的是应用于管廊系统中的各类仪表装置，它们能将管廊系统的当前运行参数通过运算直接转变成电信号，然后传递给系统的接收与分析装置，从而全面分析当前各个区域的运行状态。另一类是视频监控信号。在一些重要区域，需要布控视频监控设施，派遣专人监控的同时记录下不同时段获取视频信息的实时状况。集中式数据展示与处理系统工作必须使用计算机系统来完成所有数据的接收和采集，并直接获取不同类型的信息。但由于不同类型的信息存在差异，需要配置有针对性的信息处理分析装置，以获取各类信息。

SCADA系统可分成两种机制：一种是直接配置反馈控制系统的运行机制，即通过直接跟踪当前分布式信息的检索设备，获取系统运行参数，并借助回应系统调整运行计划的工作方法来构建反馈控制系统。另一种是生成的“类反馈控制系统”的控制机制。在所谓的“类反馈控制系统”下，SCADA系统的操作应基于获取的视频信息情况来执行，确保所有员工都充分了解当前的工作计划。

7.2.2 大数据和云计算技术的应用

信息化管理和BIM技术为实现管廊运维的安全、绿色和高效三大目标提供了助力；同时，大数据和人工智能技术也为管廊运维的发展提供了极大的想象空间[2]。具备深入挖掘信息能力的大数据和人工智能，在提升工作效率与设备运行效率的同时，可降低运维管理人员的工作强度，最大限度节省人力、财力、物力，进而满足管廊运维管理中经济和绿色的要求。

通过深入剖析大数据与云计算间的关系发现，两者既相互联系又相互矛盾[3]。大数据是不能用常规软件工具进行捕捉、处理和管理的数据集合，而云计算是以互联网为基础，通过网络“云”将巨大的数据计算处理程序分解成无数个小程序，对相关程序信息进行处理、分析和反馈的技术。当需要借助其他分布方式来完成单独设备无法独立完成的大数据处理工作时，整个处理过程离不开云计算的强大分布式信息处理能力，以此实现对数据的完全处理和解读。云计算技术的应用极大地改变了原有的数据计算和处理模式，在互联网支持下，可以更好地满足当前用户的需求，通过提供动态的、虚拟化的数据源，构建实时交互模式，让使用者能够根据自己的实际需求访问所需的资源，实现对业务资源的高效利用。互联网资源利用效率的显著提高也体现出大数据的价值。大数据技术的出现使得云计算技术在深度和广度两个维度得到了延伸和拓展，而云计算技术又帮助大数据在应用过程中进一步提升了对信息的采集、整理、存储和应用的能力。

为保障管廊正常平稳运行，管廊运维人员多实行“三班倒”的工作制度，以实现24小时实时监控，但大数据和云计算的出现使得这一工作制度得到极大程度的改善。通过大数据和云计算的方式，以监控历史数据、资产数据等信息为依据，可持续优化运维方案，使管廊运维聚焦关键部位、关键节点处，抓住主要矛盾。同时，以任务清单的方式明确关注重点以及运维计划安排，以此提高工作效率。

以往的项目运维管理大多依靠感官检查，简单、直观且成本低廉，但主观性太强，过于依赖巡检人员的经验、责任心和当前的工作状态。通过大数据和云计算技术，利用巡检机器人和传感器进行24小时巡检，收集管廊异常现象（如漏水、裂缝和锈蚀等），可及时发现和报告隐患。此外，还可以整合各种工具的日常检查数据和管廊自身数据，自动生成风险警报并通知运维人员。

对于运维人员流动性大、专业水平差异大、培训难度大等现实问题，可通过建立完善的综合管廊知识库加以解决，即搭建一个专属管廊系统的搜索式数据库，便于新员工进行检索查询。在此基础上，开发出专业性更强的专家系统，无须人工干预，借助现场照片或者现场文字描述，通过算法转译数据库识别内容，及时发现可能存在的问题，并提出相应解决措施。

7.2.3　三维虚拟 VR 技术的应用

三维虚拟 VR 技术[4]，即 3DVR 技术，其产品设计系统整体结构由图像处理模块、三维图形建模模块、程序加载模块、图像编辑模块、VR 虚拟仿真模块、交叉编辑控制模块与图形渲染模块组成。通过人机交互的总线开发技术，可实现产品三维虚拟 VR 设计的信息采集与总线传送；对于基础数据的开发可通过 Vsgr（Rendenring Library）渲染软件实现，并创建交叉编译器协助过滤数据；配备应用程序与集成开发设计 3D 应用文件可通过 Model Builder3D 技术完成；产品设计的输出端口操控与应用文件配置可由 VSG 类库与 VP 类库共同实现。

三维虚拟 VR 技术以空间物理信息数据为基础，可结合 BIM、GIS 等技术显示装配式管廊的构造信息、设施和环境信息，为管理人员提供虚拟可视化的构造服务。可视化工具的引入可以提高工作精度，促进装配式管廊运维阶段的科学管理。通过三维虚拟 VR 技术再现管廊内部、周边建（构）筑物、管网系统及其他设备，可在三维场景中实现场景的漫游、查询、统计以及多种空间分析等功能。

7.2.4　物联网技术的应用

将网络技术应用于一切物体，形成“物联网”，例如，可将传感器集成到综合管廊的智慧管控系统中。通过将“互联网”向外延伸，促进“互联网”和“物联网”协同整合，可实现管廊项目物理系统与智能系统的有机结合；利用超级计算机群可实现人、机器、设备、基础设施等的互联；利用大数据进行实时管控，可将精细化、动态化的生产生活管理变为现实，资源利用率和生产力得到提升，从而使人与自然的有机协调成为可能。

物联网无须考虑时间与地点，即可实现人、机、物三者间的信息传递、互联互通。物联网的发展离不开以下几项关键技术的支持：

1）传感器技术。该技术是计算机应用中不可缺少的关键技术。在过去的几十年里，数字信号能够有效被计算机识别处理，然而大多数模拟信号并不能直接以数字信号的形式呈现，需要传感器技术进行协调，并将模拟信号转换成计算机能够识别的数字信号。

2）RFID 技术。该技术本质上属于一种传感器技术。此技术广泛应用于自动识别、货物物流管理等领域，后续引入现代工程运维管控之中，应用场景广阔。

3）嵌入式系统技术。该技术作为一种集传感器技术、集成电路技术、计算机软硬件于一体的复杂技术，通过不断的迭代和优化，被广泛应用于日常使用的智能终端产品中，潜移默化地改变着人们的生活。嵌入式系统还在推动国防工业建设方面起到重要作用。对于整个物联网系统而言，嵌入式系统的重要性就好比大脑对于人体的重要性，对不断接收到的信息进行加工处理，从而将指令传达给各个部位以做出反应。

4）智能技术。该技术是指为了有效达到某种预期目的所采用的各种方法和手段。智能技术是物联网系统的关键部分，在物体中植入智能系统后，通过添加算法代码能够主动或被动地实现与用户的通信，一定程度上赋予物体智能性。

7.3 装配式管廊运维管控的主要功能系统

装配式管廊运维管控的主要功能系统有：基于3D的监视平台、设备与环境监控系统、安防系统、消防系统、通信系统、信息管理系统等，如图7-3所示。

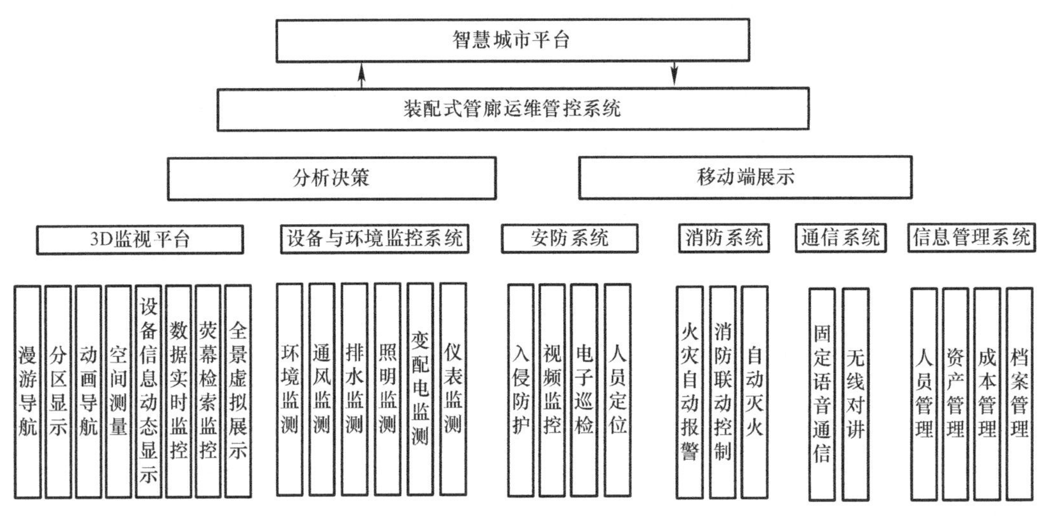

图7-3 装配式管廊运维管控的主要功能系统

运维管控系统符合智慧城市系统架构，其结构开放，支持接入第三方软硬件，可移植到云计算平台，支持智慧城市界面，是融入智慧城市平台的良好基础。

根据功能要求，借助试验设备、安全设备、消防设备，以及优越的控制设备、先进的控制技术、控制技术网络和计算机技术，所开发的管廊运维管控系统，其所有数据完全共享，公司相互协作，可实现真正的平台统一。

7.3.1 基于3D的监视平台

结合BIM和GIS技术建立的3D监视平台，可实现管廊设备的可视化监控、数据记录和管理，以及管廊运维的虚拟仿真。该平台可实现基础设施设备档案的记录和维护，将不同类型管廊的原始信息存入计算机数据库，进行动态数据的传输和实时监控，对基础设施和设备进行信息化和可视化管理。3D监视平台可实现漫游导航、分区显示、动画导航、空间测量、设备信息动态显示、数据实时监控（图7-4）、荧幕检索监控、全景虚拟展示等功能。

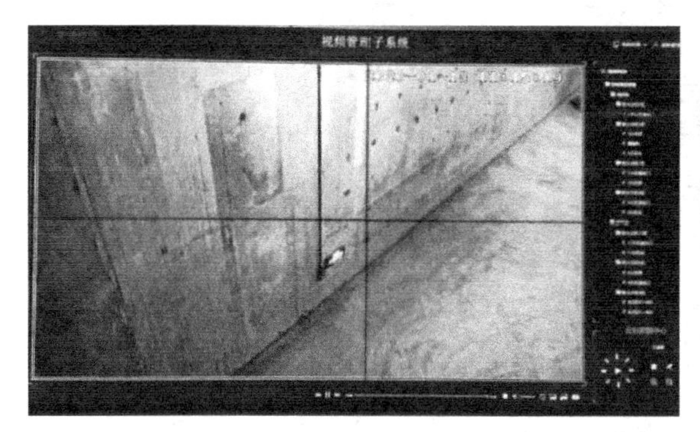
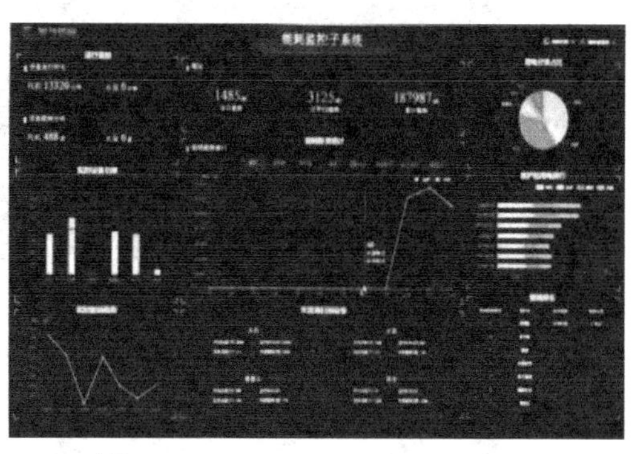

图 7-4　数据实时监控[5]

平台中 360° 全景功能基于 360° 全景虚拟现实技术，可呈现整个装配式管廊真实、完整、直观的视图，具有多视角、多角度、360° 全景等优点，为客户带来全新的现场真实感和沉浸式互动感受，如图 7-5 所示。

图 7-5　360°全景展示

7.3.2　设备与环境监控系统

设备与环境监控系统[6]主要包括环境监测、通风监测、排水监测、照明监测、变配电监测和仪表监测等功能，以及对数据的分析、处理与利用。同时，系统具备手动检修模式、自动工作模式、巡视工作模式、灾前模式和灾后模式等，如图 7-6 所示。

1）环境监测。及时准确地对管廊内发生的情况进行监测，将监测获取的管廊内部实景图、空气质量指数、温湿度变化等情况实时传输至监控中心，切实保障管廊内部铺设管线的健康安全运行，以及对进入管廊内部的相关人员提供后台支持。

2）通风监测。包括机械通风运行状态、故障报警监测和自行控制三项内容。当需要工作人员进行线路检修时，或者当监测到某廊段温度、湿度或含氧量超过安全阈值时，自行启动覆盖此区间的机械通风装置，开启“强制换气”模式，从而有效保障工作人员安全

图 7-6　设备与环境监控界面[5]

及管廊内设施正常运行。发生紧急情况时，如当火灾自动报警系统传来火警信息时，即刻停止管廊内正在运行的机械通风装置。

3）排水监测。包括排水泵工作状态、故障报警监控和自动控制三部分。系统根据水位的变化控制全井排水泵的启停。

4）照明监测。包括管廊内部各照明配电的主要开关分合状态、故障报警监控和自动控制三部分。根据警报情况，系统会打开相应区域的照明设施。

5）变配电监测。通过总线控制一定区域内变配电站和分变配电站相关电气设备的功率参数，包括变压器的运行状态和高温报警信号。

6）仪表监测。包括监测各通风区间内的湿度、温度及氧气情况，对于集水坑水位和水管爆管引起的积水水位发出报警信号。

7.3.3　安防系统

控制中心、投料口和机械通风口是管廊现场人员进出的主要途径。而管廊通常铺设有覆盖沿线众多区域的电、通信、污水等设施，铺设管线一般较长，因此，承担重要生活资源的管廊内设施一旦遭到人为破坏，会对大片区域产生严重后果。鉴于此，安防系统对整个管廊来说必不可少。

安防系统[6]可以实现管廊运维管控过程中的信息集成和自动连锁。行之有效的安防系统，需要在整个运维控制中心针对性地设置配套显示、记录和控制设备，一旦发现外来人员非法进入管廊内部时，能够及时向控制中心报警并显示其实时位置等信息资料，便于控制中心采取相应措施，在事故未发生前及时应对处理。管廊的安全防范系统由入侵防护系统、视频监控系统、电子巡检系统和人员定位系统共同组成。

1）入侵防护系统。在每个投料口和通风口均装有双光束红外线自动对射探测器，投料口设有门磁开关。一旦外部人员非法进入，工作站显示器画面将出现相应位置的图像闪烁，同时产生语音报警。

2）视频监控系统。系统采用“前端模拟＋数字压缩传输＋数字存储”方式，可为控制中心的工作人员提供管廊内部的安全、防灾、救灾、设施运行等相关可视化信息，满足监控领域无死角覆盖、图像显示清晰、控制方式有效等基本要求。为了有效降低图像信号传输比率和存储量，将彩色转黑白一体化低照度摄像机、红外照明等设备分别设置在设备层和管廊层的各个投料口处。视频和控制信号则通过安装的视频编码器、交换机经光缆传输到控制中心。控制中心有一个视频控制服务器和一个安全工作站，工作站可以按指定的顺序或时间间隔显示实时图像。当某区域发生红外线入侵报警或管道爆炸报警时，工作站可通过辅助监控系统自动开启相应区域的照明设备，并在安防工作站显示屏幕画面。

3）电子巡检系统。在管廊各舱室的人员进出口、疏散口、进风口、排风口、升降机、附属设施及电力电缆接头处等位置，均安装离线电子巡检点。

4）人员定位系统。内置线上电子巡检系统的管廊，可直接利用该系统兼顾人员定位需求。装备无线通信系统的管廊，需将人员定位系统与原有无线通信系统相结合使用。使用基于RFID技术的人员定位系统时，需将读写器安装在综合管廊的出入口及各舱室内部。监控中心必须能够实时显示管廊内人员的位置。

7.3.4　消防系统

消防系统中，火灾报警为独立系统，通过智慧管廊平台上的信号显示表明火灾状态。管廊火灾自动报警系统[6]是整个消防系统的首要关注对象，一般采用控制中心报警系统，按防火分区划分报警区域。

管廊内部安装多台火灾自动报警控制器，并在管廊内部按环形间距有序安置排列。该设备基于对等式（Peer-to-Peer）的局域网（LAN）形式，采用环形网络设计方式进行联网运行。联网式火灾报警系统具备网络的内部自动再生功能，如果某处网络传输存在局部断点情况，可以自动调整传输形式，保证网络结构自动运行，避免出现整个网络的连锁式故障。

火灾报警上位机设置在控制中心，借助网络可实现与附属设备监控系统的有效联系。各区间火灾探测器和联动设备、报警及故障信息的显示，在本区间的接线箱内可以通过设置重复显示器与I/O模块来实现。按相同间距安置管廊的声光报警器和电话插孔式手动火灾报警按钮（带电话插孔），可满足工作人员及时撤离的需求。

火灾探测器应根据管廊发生火灾的特点进行选择。对于装配式管廊而言，内部铺设的各类管线中，需要特别关注电力管线，由于该类管线自身特性，自行着火引发火灾的可能性高。为此，管廊内火灾探测器宜选用缆式线型定温探测器，而且智能可复位型感温电缆需以S形方式铺设于各层的高压电力电缆上。

通常通风设备由设备监控系统进行监控和管理，而一旦发生火灾，通风设备由火灾报警系统控制。火灾发生时，消防疏散排烟风门、进气格栅和风机连接关闭，同时切断非消防设备的电源；后续将风机、排烟挡风防火阀挡板以及进风百叶扇三者结合起来，以实现高效地排烟。

7.3.5　通信系统

将固定语音通信终端与无线对讲机两个要素有机结合，共同构成了完整的管廊内部语音通信系统。由于管廊内部大多没有固定人员值守，为实现异常管线及施工的实际需要，同时兼顾方便维护、管理、检查的需要，运维管控系统中的通信子系统[6]多采用自动化链式形式。当通信联络受阻时，管廊各廊段之间应配备独立通信设备，以有效保障现场人员与服务控制中心之间的通信畅通。

1）固定语音通信系统。该系统依靠IP网络的电话系统实现。首先，在每个区间投料口现场ACU箱内设置IP电话终端。其次，在控制中心配置1台网络综合通信器引入市话中继线，用于控制中心内部模拟电话通信，并利用贯穿综合管廊始末的监控系统网络和每个区间ACU箱设置的以太网交换机传输信号的方式，实现控制中心与现场IP电话通信。

2）无线对讲系统。由基站和天线分布系统两部分组成。中继转发器和电力系统等设备设置在控制中心内，利用中继台自身信号能量覆盖地下沟体区域。同时，为了避免无线对讲系统被盗用或转发器被干扰等现象，专门设置音频引导信号，防止外部同频设备的转发器在未经授权情况下被恶意启动。由低损耗同轴电缆、功分器和天线构成的天线分布系统多安置在管廊内部，形成多个有效覆盖区间，确保整个管廊的信号无死角覆盖。

7.3.6　信息管理系统

人员管理、资产管理、成本管理及档案管理四个部分构成了管廊信息管理系统，如图7-7所示。

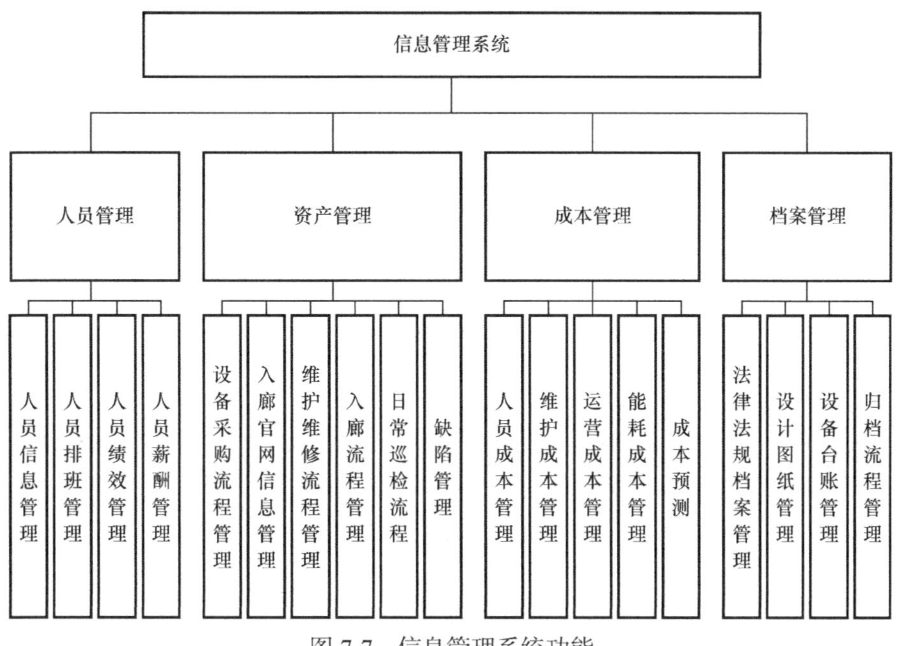

图 7-7　信息管理系统功能

7.4　基于 BIM 的运维阶段绿色管理

BIM 技术在装配式管廊运维阶段的作用主要体现在构建运维管控系统，更好地服务于装配式管廊的后期运维管理工作。BIM 技术的可视化、集成化、协同化特点使得运维管控系统更具有适用性和实用性。

1. BIM 技术的可视化

BIM 技术可以为装配式管廊的运维工作提供一个更加直观的三维模型。基于 BIM 技术的三维模型应用价值体现在三个方面：① BIM 技术的可视化可以为管理作业人员提供一个全面查看装配式管廊的有效途径。如在日常巡检工作中，巡检人员可以在模型中虚拟漫游，明确巡检部位及巡检内容；在作业管理工作中，作业人员可以提前了解廊内环境，有效地规范工作内容和避免潜在的作业风险。② BIM 技术的可视化便于运维管理者获取并理解信息。如在运维管理工作中，将作业范围内的监测数据在 BIM 三维模型对应位置进行实时显示，为工作人员的安全作业提供保障；集成管理人员定位系统时，将装配式管廊内的管理人员位置在三维模型中进行动态显示，实时了解人员的位置情况。③ BIM 技术的可视化可以快速调取各构件的相关信息，为运维管理者提供一个更加便捷的信息管理方法。如设施检测工作中，检测人员可以在 BIM 三维模型中查询构件的基本信息、历史维修记录等，为后续工作开展提供便利。

2. BIM 技术的集成化

BIM 技术可以帮助装配式管廊的运维管控系统进行有效的信息整合，包括装配式管廊的决策设计、生产制造、运输储存、施工和运维各阶段的各类信息，如巡检结果、维修记录、设备管理、入廊管线等。

3. BIM 技术的协同化

BIM 技术可以将多方协同的工作模式应用到装配式管廊运维管理中，即构建一个信息高度集中的运维管控系统，提高运维阶段各类工作开展的协同性。

7.5 本章小结

本章主要介绍了装配式管廊运维管控系统采用多种技术，以解决管廊在运维阶段产生的管理水平低以及协同效率低的问题。集成 BIM、SCADA 系统、大数据和云计算等技术，将管廊的规划、决策设计、施工和运营维护阶段的信息整合到管理平台中，同时将设备与环境监控系统、安防系统、消防系统、通信系统、信息管理系统嵌入管控系统中，形成一个完整的运维管控系统，为管廊的监测预警和运营决策提供可靠的支撑和依据。最后重点介绍了 BIM 技术在装配式管廊运维阶段的应用。

参考文献

[1] 杨智，吴蕾，李林健，等. SCADA 系统在油气田中的应用[J]. 化工管理，2021,(4): 197-198.
[2] 许云骅，金善朝，徐浩煜. 综合管廊运维目标、原则及新技术应用[J]. 中国给水排水，2021，37(8): 53-58.
[3] 马珺杰. 基于计算机的大数据和云计算技术探析[J]. 中小企业管理与科技(中旬刊)，2021,(8): 189-190.
[4] 张帅，厉向东，卢国英. 基于三维虚拟 VR 技术的产品设计系统研究[J]. 现代电子技术，2021,44(14): 119-123.
[5] 张勇，李慧民，魏道江. 城市地下综合管廊工程建设安全风险管理[M]. 北京：冶金工业出版社，2020.
[6] 朱雪明. 世博园区综合管廊监控系统的设计[J]. 现代建筑电气，2011，2(4): 21-25.